KB016763

개미가 알려주는 가장 쉬운 미분 수업

개미가 알려주는 가장 쉬운 미분 수업

펴낸날 2021년 6월 30일 1판 1쇄

지은이 장지웅
감수 김지혜
펴낸이 김영선
책임교정 이교숙
교정·교열 양다은
경영지원 최은정
디자인 박유진·현애정
마케팅 신용천

펴낸곳 (주)다빈치하우스-미디어숲
주소 경기도 고양시 일산서구 고양대로632번길 60, 207호
전화 (02) 323-7234
팩스 (02) 323-0253
홈페이지 www.mfbook.co.kr
이메일 dhhard@naver.com (원고투고)
출판등록번호 제 2-2767호

값 16,800원
ISBN 979-11-5874-120-4

개미가 알려주는

가장 쉬운 미분 수업

장지웅 지음 | 김지혜 감수

미디어숲

변화를 위한 터닝 포인트

가까운 미래를 설명하는 핵심키워드는 인공지능A.I이다. 인공지능이 일상에 깊숙이 영향을 미치는 시대가 멀지 않은 현재, 이러한 거대한 변화의 물결에 관심이 많아지면서 수학의 중요성이 그 어느 때보다 강조되고 있다.

미래 산업의 경쟁력은 결국 수학이다. 그리고 이 책은 수학의 꽃이라고 불리는 미적분에 대한 이야기를 다룬다. 미분과 적분, 합쳐서 보통 '미적분'이라고 부르는 개념은 고등학교에서 배우는 여러 수학 개념 중에서 정점에 있다.

나는 중학교 때까지 수학성적이 그리 나쁘지 않았으므로 자신감이 충만한 상태로 고등학교에 입학했다. 그런데 첫 번째 수학시험을 치르고 난 후 나의 자신감은 지하 100층으로 떨어지고 말았다. 이후 고등학교를 졸업할 때까지 수학 여정은 혹독하기만 했다. 중학교 때와는 달리 고등학교의 수학은 비교할 수도 없는 방대한 양으로 나를 압박했을 뿐만 아니라 단순 암기로는 손도 못 대는 문제로 수두룩했기 때문이다.

고2 때 '미분'이라는 개념을 학교에서 처음 배우게 되었는데 미분은 결코 쉬운 영역이 아니었다. 하지만 특별하기도 했다. 미분을 공부할수록 미분 개념을 둘러싼 지금까지 배워 온 내용들이 서로 연결되어 있다는 것을 확인할 수 있었다. 어려웠던 삼차함수와 삼차방정식에 관한 문제들이 삼차함수의 미분을 다루고 나니 방정식과 함수에 대한 새로운 관점이 생겼으며, 어렵게만 느껴졌던 고차방정식에 대해서도 새로운 해석을 할 수 있게 되었다. 또한 삼각함수에 등장하는 공식 폭탄이 삼각함수의 미분을 다루면서 다른 각도에서 정리가 되고 지수와 로그방정식, 지수와 로그함수, 자연로그의 개념으로 연결되었던 내용이 지수와 로그함수의 미분을 다루면서 자연스럽게 연결되어 다른 관점에서 문제를 볼 수 있게 되었다.

개별 단원에서 죽을 쓰던 수학 개념이 '미분을 중심'으로 자연스럽게 연결되는 신기한 일이 벌어진 것이다. 미분을 공부하는 과정은 수학공부에서 내게 하나의 터닝 포인트가 될 수 있었다.

영국의 뉴턴과 독일의 라이프니츠는 거의 비슷한 시기에 미적분의 개념을 독자적인 방법으로 발견했다. 이를 두고 누가 미적분의 진정한 주인이냐에 대한 논쟁이 있을 정도로 미적분의 발견은 혁명적인 사건이었다. 실제로 미적분은 수학뿐 아니라 물리학과 같은 기초과학 영역, 그리고 전기·전자·기계·항공우주 공학 등 응용과학을 다룰 때도 사용되는 매우 중요한 이론적 도구이다. 심지어 경제학과 같은 사회과학에도 미적분이 적용될 정도로 미적분에 대한 이해는 그만큼 중요하다.

미분이라는 수학적 개념은 기본적으로 '변화'를 다룬다. 개울가를 흐르는 물의 흐름, 집 주변에 부는 바람의 움직임, 내가 사는 지역의 기온, 내가 던진 야구공의 궤적과 같이 대부분의 자연현상은 그야말로 단 한 순간도 그 상태가 고정되어 있지 않고 변화하고 있다. 물의 흐름과 같은 유동 현상은 미분을 기반으로 만든 방정식으로 좀 더 일반적으로 분석할 수 있다.

이처럼 미분은 철저하게 수학적인 개념이지만 이를 기초로 자연현상을 수학적으로 모델링할 수 있을 정도로 강력하다. 실제로 뉴턴의 운동방정식, 맥스웰의 전자기 법칙 등 자연현상을 설명하는 위대한 법칙들은 모두 미분을 토대로 하고 있다. 한마디로 무엇인가 변화하는 대상이 있을 때 이를 수학적으로 분석하고 예측할 수 있게 도와주는 도구가 '미분 개념'이다.

이 책이 추구하는 방향은 '미분 공부'가 아닌 '미분 이야기'이다. 나는 이 책을 선택한 독자들에게 미분이라는 딱딱한 주제를 '이야기'라는 부드러운 이미지로 최대한 쉽게 풀어내려고 했다.

옛날 옛적에로 시작하는 할머니의 이야기는 아무리 길어도 그 이야기에 집중할 수 있었고 기억에도 선명하게 남아서 친구들에게 다시 이야기를 전해줄 수도 있다.

이 책은 미분에 대한 이야기를 다루고 있으므로 중학교 수준의 함수에 대한 이해만 있다면 이 책을 읽는 데 아무런 문제가 되지 않을 것이다. 그러므로 중학생부터 고등학생 그리고 미분이 무엇인지 궁금한 독자들에게 미분 입문서로서 역할을 할 수 있기를 바란다. 특히 막연하게 수학에 대한 두려움을 가지고 있거나 수학에 다시 도전하고 싶은 사람이라면 이 책을 한번 읽어보길 권한다. 미분을 이해하는 과정은 이미 포기한 많은 수학 개념을 다시 살려낼 수 있는 기회이기 때문이다.

우리에게 필요한 것은 작은 변화다. 변화 없이는 수학에 대한 두려움으로부터 벗어날 수 없다. 놀랍게도 미분은 '변화'를 다룬다. 변화가 필요한 사람들에게 변화를 다루는 미분 이야기는 특별한 경험이 될 것이라고 믿는다.

저자 **장지웅**

차 례

PART 3

개미가 극한 상황을 벗어나는 방법

PART 4

변화를 만드는 미분이야기

Part 1

미분이 도대체 뭐야?!

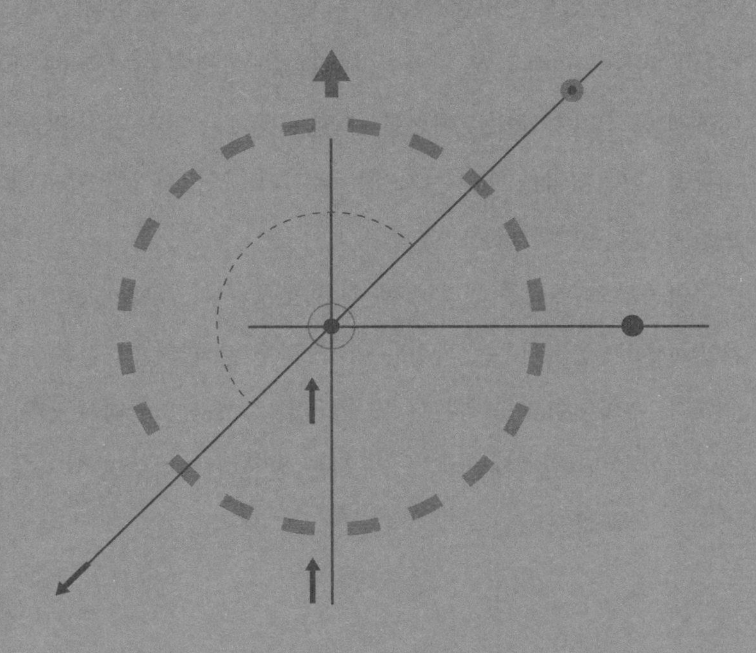

스토리가 있는 미분 공부

한 편의 시를 번역하듯이

일반적으로 완전하게 정리된 수학 개념, 소위 말하는 수학공식은 대단히 압축적이다. 수학공부 중 가장 게으른 방식은 중간 과정을 무시하고 최종적으로 정리된 수학공식만을 암기하는 것으로, 공식을 외우고 나면 관련된 문제를 모두 풀 수 있을 것 같다. 하지만 이는 매우 큰 착각이다. 정확한 이해가 되지 못한 상태에서 공식 암기만으로 해결할 수 있는 문제는 그리 많지 않다. 새로운 수학 개념을 배우는 자세는 암기가 아닌 '정확한 이해'에 초점이 맞춰져야 한다.

수학공부의 특성을 생각해 볼 때 새로운 수학 개념(이 책의 주제인 미분 개념)을 배우는 과정은 마치 '시를 분석하는 과정'과 비슷하다. 수학이야기를 하는데 웬 뜬금없는 시를 언급하는 건지 의아해할 수도 있겠지만, 다음의 시를 천천히 살펴보면서 이야기를 시작해 보자.

〈Self-Pity〉

D.H. Lawrence

I never saw a wild thing
sorry for itself.
A small bird will drop frozen dead from a bough
without ever having felt sorry for itself

위 시는 D.H 로렌스의 'self-pity (자기 연민)'이라는 시로 매우 짧은 영시다. 영시를 음미하려면 모르는 단어는 영어사전을 찾아야 하고 해석이 잘 안 될 수도 있다. 한글로 된 시보다 어렵게 느껴진다. 이 시를 해석해 보자.

〈자기연민〉

D.H 로렌스

나는 스스로를 불쌍히 여기는
야생동물을 한 번도 본 적이 없다
얼어 죽어 나뭇가지에서 떨어지는 작은 새조차도
결코 자신을 동정하지 않는다

한글이 아닌 영어로 된 시는 정확히 해석할 수 있어야 그 시를 좀 더 깊이 느낄 수 있다. 영시는 정확한 번역이 필수다. 번역이 제대로 되지 않으면 시의 주제 파악도 어렵다. 한자로 쓰인 한시의 경우도 마찬가지다. 한글이 아니기 때문에 곧바로 읽고 해석하기 힘들다는 공통점이 있다.

다음은 미분과 관련된 시 한 편을 살펴보자.

〈합성함수의 미분에 관하여〉

미분 이야기

합성함수 $f(g(x))$의 일반적인 미분법은

도함수의 정의에 합성함수 $f(g(x))$를 대입시키면 되므로

$\frac{d}{dx}f(g(x)) = \lim_{h\to 0}\frac{f(g(x+h))-f(g(x))}{h}$ 이다.

위 수식은 다음과 같이 수식변형이 가능하다.

$$\lim_{h\to 0}\left[\frac{f(g(x+h))-f(g(x))}{g(x+h)-g(x)}\times\frac{g(x+h)-g(x)}{h}\right]$$

이는 한마디로 $f'(g(x))\times g'(x)$와 같다.

합성함수 $f(g(x))$를 미분하면 $f'(g(x))\times g'(x)$이 된다.

3연 7행으로 구성된 이 시는 이 책의 후반부에서 다룰 내용을 최대한 '시'의 형태로 표현해 본 것이다. 물론 지금은 언급하지 않는다. 만약 이 내용을 이미 정확히 알고 있다면 사실 이 책을 읽을 필요도 없다.

처음 배우는 수학 개념은 앞서 살펴본 영시와 같이 정확한 번역이 우선 되어야 한다. 모르는 영어단어가 있으면 사전을 찾아보아야 하듯이 처음 접하는 수학용어, 기호에 대한 정확한 이해는 필수다. 또한 처음 보는 수학기호를 소리 내어 읽을 수 없다면 더욱 막막하다. 제대로 읽을 수 없다면 수학선생님의 설명과 자신이 수학을 받아들이는 것은 분리될 수밖에 없다.

수학의 이러한 특성 때문에 수학은 영어로 된 시를 분석하는 과정과 비슷하다고 할 수 있다. 이 책에 등장하는 주요 수학기호는 다음과 같다.

$$y=ax^2+bx+c\ ,\ \lim_{h\to 0}\frac{f(x+h)-f(x)}{h}$$

$$f(x),f'(x),f''(x),\ \frac{dy}{dx}$$

$$a^x,\ \log_a x\ ,\ \ln x,\ e^x$$

$$f \circ g,\ f(g(x)),\ f^{-1}(x)$$

$$\int_a^b f(x)dx$$

위에서 나열된 것은 모두 영어로 된 문자와 기호로 되어 있다. 초등학교 수학 교과서에는 주로 숫자가 많이 나오지만, 중학교 이후에는 숫자보다는 문자와 기호가 훨씬 많이 등장한다는 것은 경험상 알고 있을 것이다. 수학 개념이 추상적이기도 하지만 일반적으로 숫자보다는 문자 그리고 새로운 기호를 사용하여 간결하게 설명하고, 그 개념을 발전시켜 새로운 개념과 연결하는 것이 훨씬 효율적이기 때문이다.

하지만 처음 접하는 문자와 기호의 개념을 놓치거나 충분히 이해하지 못하고 넘어가면 수학공부는 그 순간부터 악몽이 된다. 마치 모르는 영어단어가 아는 단어보다 훨씬 많은 영자신문 혹은 영어로 된 시를 읽는 느낌과 유사할 것이다. 그러므로 수학공부를 할 때 모르는 수학기호가 있다면 반드시 그 부분부터 해결하고 넘어가야 한다.

미분 이야기를 하면 할수록 새로운 수학기호를 많이 만나게 될 것이다. 이는 '미분'이라는 개념이 고등학교 수학 개념의 결정체와 같아서 관련되는 개념이 그만큼 많기 때문이다. 이 책에서 다룰 미분 이야기에 등장하는 수학기호 역시 정확한 번역과 해석(읽는 방법까지)이 필요하다.

"미분 개념은 정확한 번역이 필요하다."

미술 작품을 감상하듯이

미분 이야기를 하다 보면 공식을 많이 접하게 되는데 이때 정확한 번역과 함께 한 가지 더 필요한 것이 있다. 바로 미술작품을 감상하는 방법과 관련이 있다. 다음 그림을 보면서 미분과 미술작품 감상의 공통점을 생각해 보자.

〈김홍도 작품, 씨름도〉

위 작품은 김홍도의 ‘씨름도’이다. 김홍도의 ‘씨름도’를 보면서 우리는 김홍도라는 조선시대 최고 화원이 단옷날에 씨름판의 광경을 자세히 표현하고 있다는 정도로 이해하고 넘어간다. 하지만 김홍도의 작품을 연구하는 미술학자들의 해석을 곁들이면, 이 그림을 훨씬 풍부하고 다채롭게 이해할 수 있다.

그림의 구도, 인물들의 배치, 각 인물들의 표정과 행동으로 알 수 있는 이야기, 부채와 짚신 등 소품에 대한 이야기, 구경꾼 중 손의 모양이 이상한 이유까지 짚어낸다. 김홍도라는 화가가 이 작품에 얼마나 많은 이야기를 하고 있는지 전문가들의 설명을 곁들이면 ‘씨름도’라는 작품을 훨씬 입체적으로 이해할 수가 있다.

‘씨름도’를 보고 단순히 ‘조선시대 김홍도의 씨름도’ 정도로만 감상하지 말고 그림에서 표현되는 다양한 이야기를 이해하여 종합적으로 바라보려는 태도처럼, 다음에 소개하는 유명한 공식도 미술작품을 감상하듯이 한번 살펴보자.

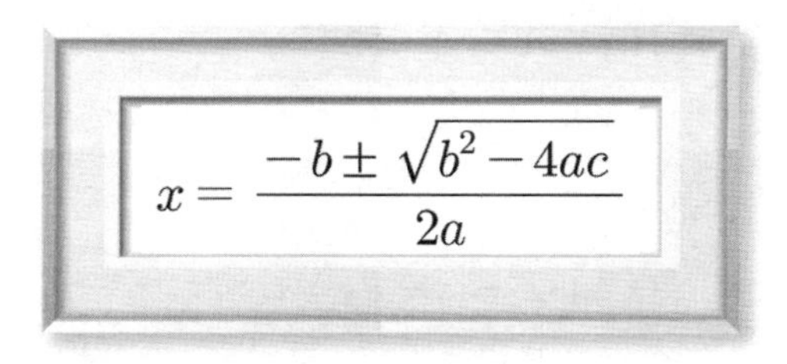

작품명 : 이차방정식의 근의 공식

중학교 때 배우는 근의 공식은 머릿속에 완전히 새겨져 있어야 할 만큼 중요하다. 마치 구구단을 외우듯이 언제든지 꺼내 쓸 수 있을 정도로 완벽하게 암기하고 있어야 한다. 실제로 대부분의 학생은 이차방정식의 근의 공식을 암기하고 있다. 하지만 근의 공식을 단순히 암기하여 풀 수 있는 문제는 일부에 불과하다.

더 중요한 것은 이 공식이 어떻게 유도되었는지, 어떤 경우에 사용하는 것이 효과적인지, 근의 공식을 보고 떠오르는 그래프의 모양은 어떠한지, 근의 개수와 이 공식과의 관계는 무엇인지, 실근을 가질 조건과 근의 공식과의 관계는 무엇인지 등과 같이 근의 공식을 둘러싸고 있는 다양한 '이야기'를 감상할 준비가 필요하다.

무엇인가 새로운 수학 개념을 다룰 때 미술작품을 대하듯이 호기심을 가지고 접근해 보자. 미분 이야기를 다루면서 만나게 될 다양한 개념, 공식이 나오게 된 과정과 어떤 경우에 이 공식을 적용할 수 있는지, 또한 공식을 사용할 때의 제한 조건이 있는지, 다른 개념과 어떻게 연결되는지 등 공식을 둘러싸고 있는 주변 이야기에 관심을 가져봐야 한다.

미분의 이미지

사람의 뇌는 어떤 글을 볼 때 그에 대한 이미지를 떠올릴 수 있는 능력이 있다. 예를 들어 '강아지'라는 글자를 보고 눈을 감고 떠올리면, 나만의 강아지 이미지를 어렵지 않게 떠올릴 수 있다.

강아지를 떠올리면 → 

미분을 떠올리면 → ???

지금, 이 순간 미분이라는 말을 들었을 때 떠오르는 구체적인 이미지는 없을 것이다. 우리는 앞으로 이 책의 '미분 미술관'을 통해서 6개의 미분 관련 개념에 대한 작품을 감상하게 될 것이다. 6개의 주요 미분 작품을 이해하는 것은 이 책의 주제를 따라가는 과정이다. 이 책을 읽는 동안 소개하는 다양한 이미지가 해당 이야기와 함께 독자들의 머릿속에 차곡차곡 쌓이기를 바란다.

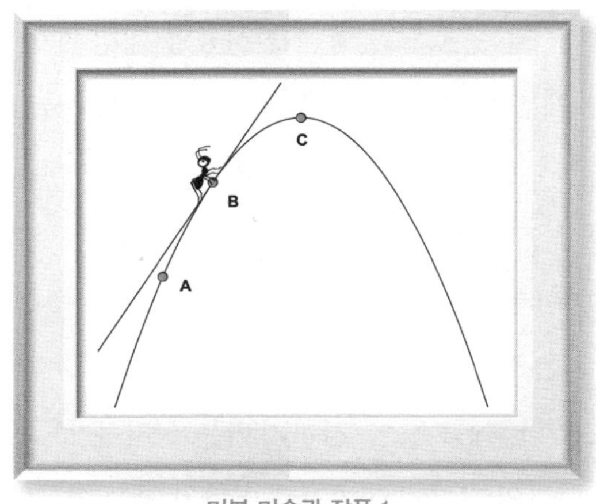

미분 미술관 작품 1

$$f'(x) = \lim_{h \to 0} \frac{f(x+h) - f(x)}{h}$$

미분 미술관 작품 2

$$[f(x) \times g(x)]' = f'(x)g(x) + f(x)g'(x)$$

미분 미술관 작품 3

$$\lim_{n \to \infty} \left(1 + \frac{1}{n}\right)^n = e$$

미분 미술관 작품 4

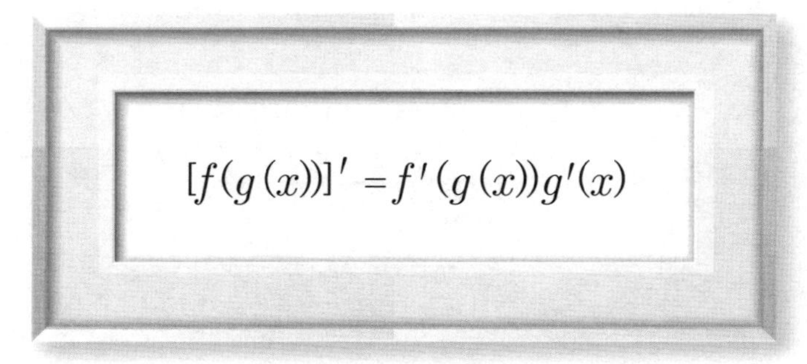

미분 미술관 작품 5

$$\int_a^b f(x)dx = F(b) - F(a)$$

미분 미술관 작품 6

Part 2

개미가 알려주는 미분

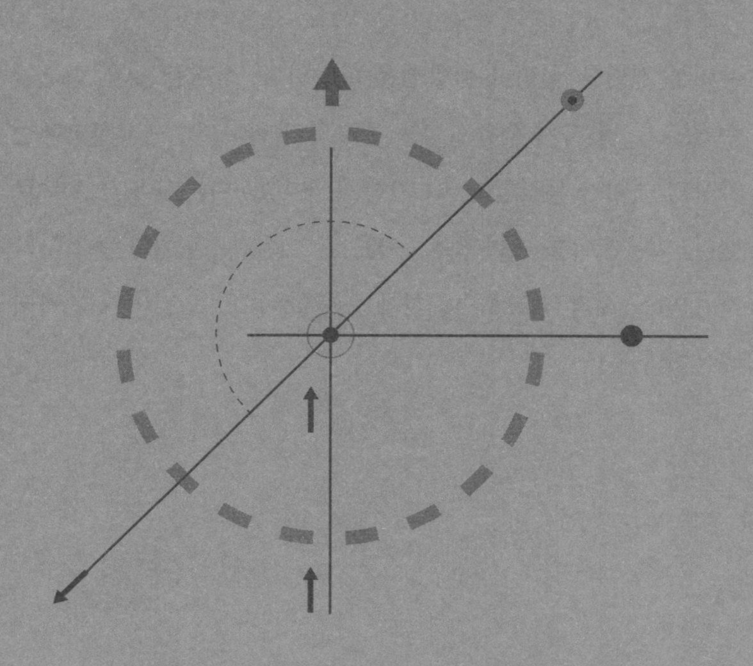

개미가 느끼는 산의 경사를 구해라

초등학생 때 배운 구구단은 같은 수를 여러 번 더하는 상황을 좀 더 효율적으로 계산하기 위해서 외우는 기초적인 수학도구다. 미분 개념 역시 구구단과 같은 또 다른 수학도구다. 그렇다면 도대체 미분이란 무엇일까?

미분 개념을 설명하는 방법은 다양하다. 최대한 쉽게 접근할 수 있도록 몇 가지 생각실험을 해보려고 한다. 이 생각실험에는 가상의 개미가 등장한다. 이 가상의 개미를 '미분개미'라고 부르겠다. 미분개미를 이야기에 등장시킨 이유는 '점'이라는 기하학적 개념을 시각적으로 친근하게 표현할 수 있을 것이라는 기대 때문이다.

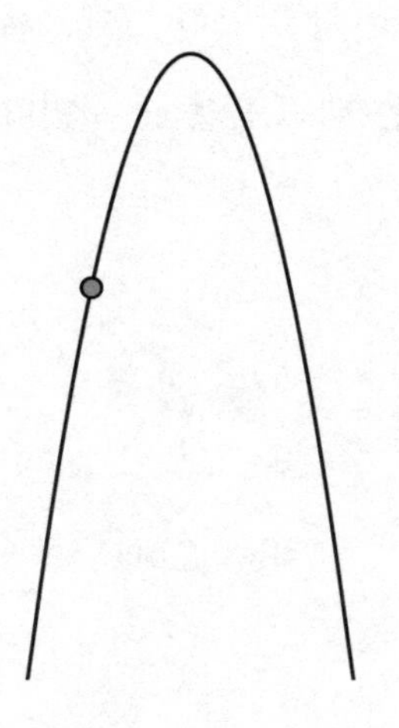

주어진 그래프 위에 어떤 점 하나를 생각해 보자. 이 점 근처를 확대하면 다음과 같다.

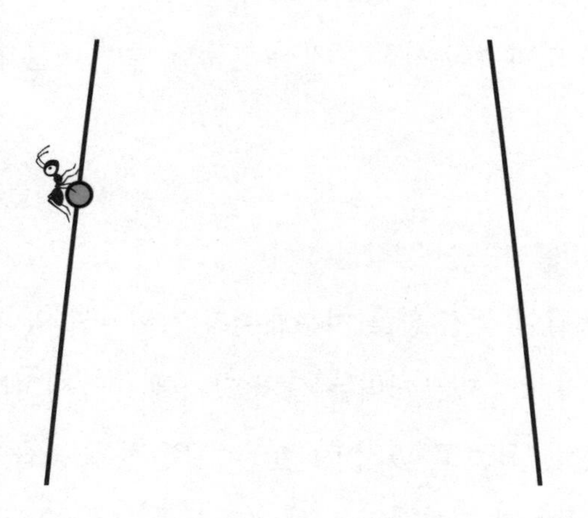

위 그림처럼 우리가 관심 있는 점에는 언제나 미분개미가 함께 할 것이다. 앞으로 다룰 미분개미는 다음과 같은 모양이며 그

크기가 점과 같이 작아서 다양한 그래프 위를 이리저리 움직이면서 미분을 탐구하는 데 도움을 줄 것이다.

일반 미분개미　　화살 미분개미　　GPS 미분개미

이 책에 등장하는 미분개미는 세 가지 종류로, 일반 미분개미, 화살 미분개미, GPS 미분개미다. 그 특성은 조금씩 다르다. 각각의 미분개미는 이야기의 흐름에 따라서 적절히 선택되어 등장한다. 이야기의 시작은 가장 단순한 일반 미분개미와 함께 한다.

미분개미를 이용한 생각실험

다음과 같이 생긴 산을 미분개미가 기어가고 있다고 생각해 보자. 이 가상의 미분개미는 산의 크기에 비해서 매우 작으며, 개미는 산을 오르고 있지만, 결코 산의 전체 모습을 알지 못한다. 하지만 이 미분개미는 산의 경사를 느낄 수 있는 능력이 있다.

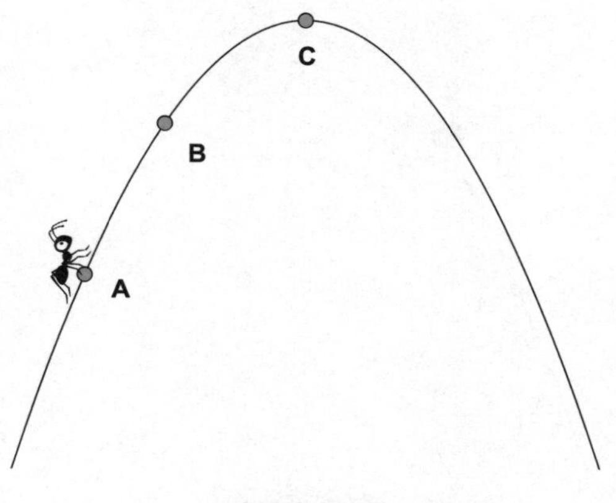

산 정상 오르기

미분개미가 A지점에서 출발하여 B지점을 지나 산의 정상 C에 각각 도달했을 때, 개미가 각 위치에서 순간적으로 느끼는 산의 경사는 다음과 같을 것이다.

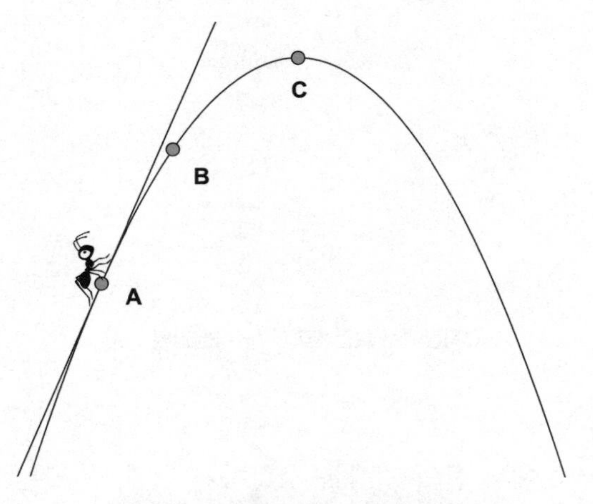

A지점에서 미분개미가 느끼는 산의 경사

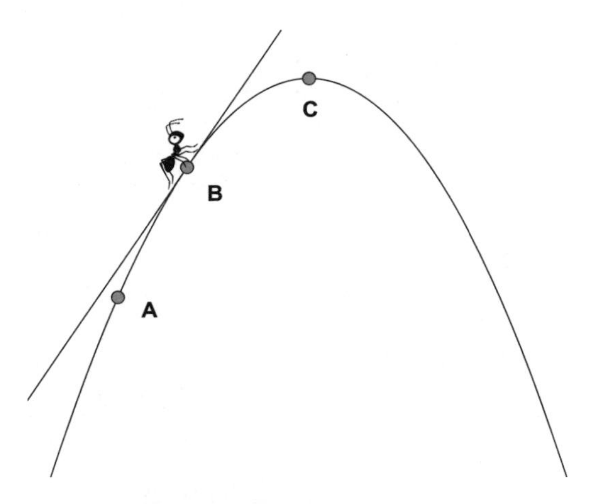

B지점에서 미분개미가 느끼는 산의 경사

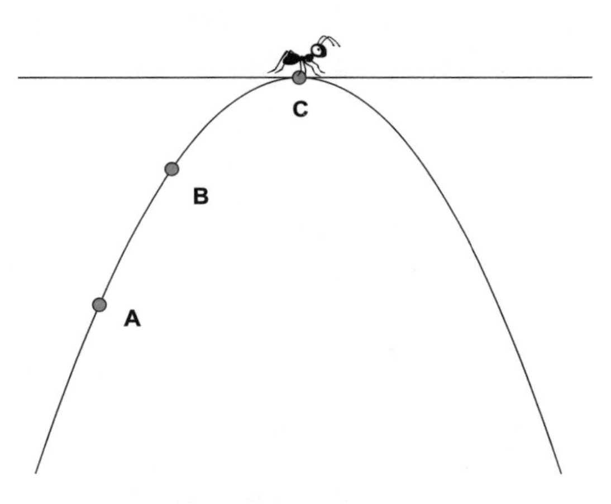

C지점에서 미분개미가 느끼는 산의 경사

현재 위치에서 산의 경사를 정확하게 느낄 수 있는 미분개미가 느끼는 A지점의 산의 경사는 B지점보다 클 것이다. 또한 C

지점에 오른 순간 개미는 산이 평평하다고 느낄 것이다. 이때 각 지점에서 개미가 느끼는 산의 경사가 바로 미분의 개념이다. 좀 더 엄밀하게 말하면 해당 지점에서 '접선의 기울기'를 계산하는 것이 '미분'과 관련되어 있다. 위 이미지는 미분과 관련된 다양한 이미지 중 가장 강력하다.

미분은 이와 같이 어떤 곡선 위에 있는 점에서 접선의 기울기와 관련된다. 이 생각실험에서 개미가 올라간 산의 모양은 매끈하게 생긴 곡선이다. 곡선 위의 세 점 A, B, C에서 각각 접하는 접선의 기울기에 좀 더 집중해 보자. 곡선의 모양을 미분개미의 입장에서 미분의 개념으로 묘사한다면 다음과 같은 방식으로 표현할 수 있다.

주어진 곡선 위의 점 A와 B에서 접선의 기울기는 모두 양수이며, 점 A에 접하는 접선의 기울기가 점 B에서 접선의 기울기보다 크다. 그리고 점 C에서 접선은 평행선이므로 그 기울기는 0이다.

이렇게 곡선의 모양을 기울기의 값으로 묘사하는 방식이 바로 미분의 언어로 곡선을 표현하는 방식이다. 미분개미를 이용한 생각실험을 통해서 미분이라는 수학도구를 직관적으로 이해할 수 있게 되었다.

미분개미가 여행할 산의 모양

미분 이야기를 구성하는 몇 가지 키워드가 있는데 가장 중요한 것은 바로 개미가 올라가야 할 산의 모양에 대한 이야기다. 이 책에서 다루는 산의 모양은 대략 다음과 같다.

뾰족하게 생긴 산도 있고

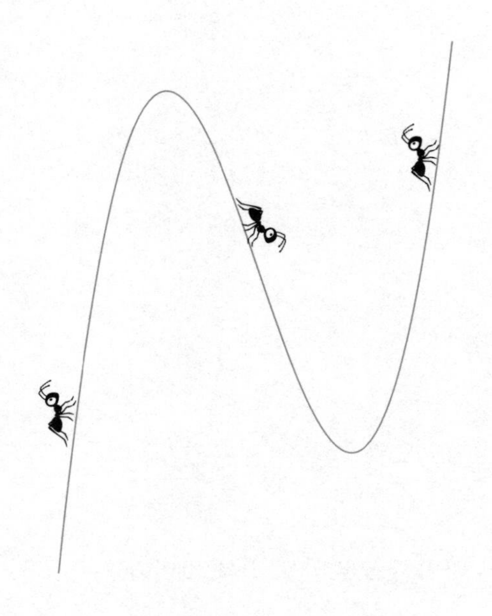

오르락내리락 할 수도 있다.

한 없이 올라가야 할 경우도 있고

어떨 때는 완만한 오르막도 있을 것이다.

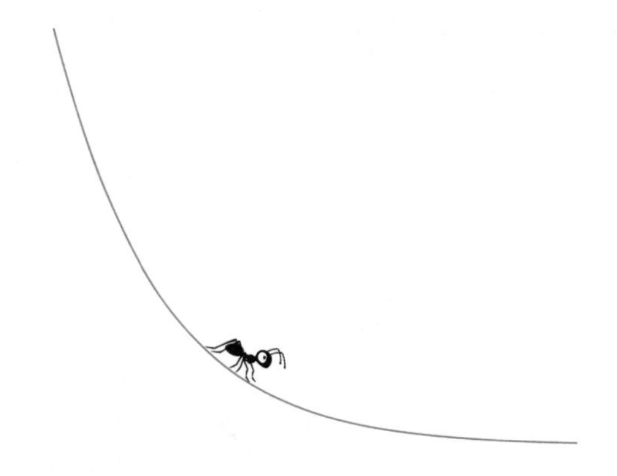

물론 급격한 내리막길도 만날 것이다.

개미가 넘어야 할 산의 모양을 우리는 '그래프'라고 한다. 그 그래프의 정확한 모양은 '함수' 개념으로 엄밀하게 다룰 수 있다. 미분 수업의 목표는 다양한 함수가 주어졌을 때 어떻게 접선의 기울기를 찾을 것인지에 대한 탐구과정이다. 이 책에서는 이러한 과정을 최대한 직관적으로 이해하기 위한 접근을 할 것이다.

일반 미분개미가 느끼는 접선을 그려라

미분이라는 단어만 들어도 무서운 수식과 엄청난 공식이 기다리고 있을 거라고 지레 겁먹을 수도 있다. 하지만 그럴 필요가 전혀 없다. 미분과 관련된 수식은 가장 마지막에 정리만 하면 된다.

미분 이야기는 미분에 대한 감각을 온몸으로 익히는 데 목표가 있다. 앞에서 우리는 미분의 개념을 주어진 함수 위에 개미를 올려두었을 때 개미가 느끼는 경사로 이해했다. 한마디로 미분은 접선을 탐구하는 것으로 수식을 철저히 배제하고 다양한 접선을 직접 그려보면 미분의 개념을 직접 느낄 수 있다.

일반 미분개미를 이용하여 개미가 있는 지점에서 연필로 접선을 그려보자.

미분개미가 곡선 위를 움직일 때 느끼는 경사

함수의 모양이 곡선일 때 미분개미가 각 점에서 느끼는 경사

위 그래프의 세 지점에 각각 미분개미가 위치하고 있을 때, 해당 지점에서 접선을 연필로 그어보자.

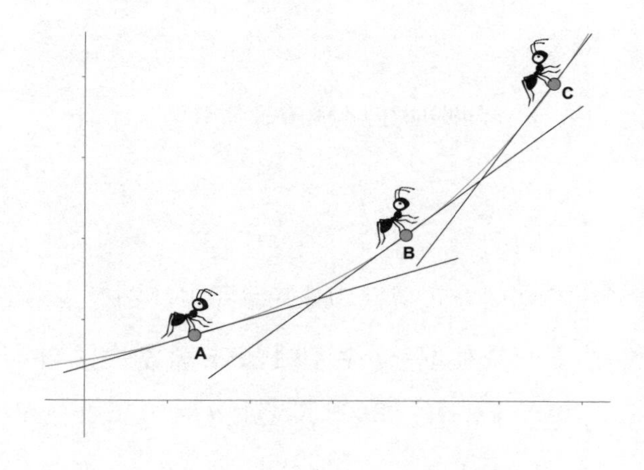

접선을 그어보면 대략 위와 같은 형태가 될 것이다. 우리는 주어진 그래프의 '어떤 점'에서 접선을 생각할 수 있고 이를 시각적으로 볼 수 있게 표시할 수 있다. 연필만 준비하면 된다. 위에서는 임의의 세 점에서 접선을 그어보았다. 정확한 접선을 찾는 것이 미분이라면, 우리는 특정한 세 점 A, B, C에서 미분을 한 셈이다. 이 상황을 다음 그림에서와 같이 함수 f, 함수 위의 점, 해당 점에 대한 접선이라는 표현으로 나타낼 수 있다.

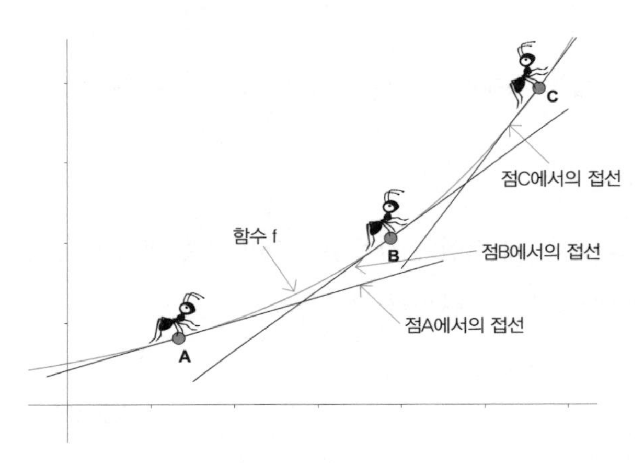

미분이야기의 소재 : 함수, 점, 접선

미분개미가 기어가고 있는 그래프는 주어진 어떤 '함수'로 생각할 수 있다. 미분개미는 함수 위에 있다. 즉 함수는 미분의 대상이다. 위 함수에서 임의의 세 점 A, B, C에서 각각 접하는 접선을 생각해 보았다. 어떤 함수를 미분한다는 것은 임의의 점에 접하는 접선을 찾을 수 있다는 것을 의미한다. 즉, 미분개미가 함수 위의 어떤 점에 위치하더라도 해당 위치에서 접선을 찾을 수 있다.

각 접선의 기울기(미분개미가 느끼는 경사도)를 생각해 보자. 미분을 하면 접선의 기울기를 알 수 있다. 위 그래프에서 점 A에서 접선 기울기는 점 B에서 접선 기울기보다 작다. 또한 점 C에서 접선 기울기는 점 B에서 접선 기울기보다 크다. A에서 B를 거쳐 C로 위치가 변할 때, 접선의 기울기는 증가하는 경향을 가진다.

이런 방식의 설명이 미분의 언어로 함수를 해석하는 방식이다. 물론 지금 수식을 완벽하게 배제한 상태에서 연필만을 이용하여 함수 위에 직접 접선을 그어가며 미분을 수행하고 있기 때문에 정확한 접선의 기울기 값은 알 수 없다. 하지만 접선의 기울기의 경향성은 짐작할 수 있다.

미분개미가 직선 위를 움직일 때 느끼는 경사

미분개미는 모든 함수 위에 올라갈 수 있다. 어떤 함수를 미분하고 싶다면 원하는 위치에 미분개미를 우선 올려놓고 생각하면 된다. 미분 이야기에 등장하는 대부분의 함수 그래프는 곡선이다. 하지만 반드시 곡선일 필요는 없다. 직선을 그리는 함수일 수도 있다. 직선 위에 미분개미를 올려두는 상황은 오히려 더 특별하다. 다음 그림을 살펴보자.

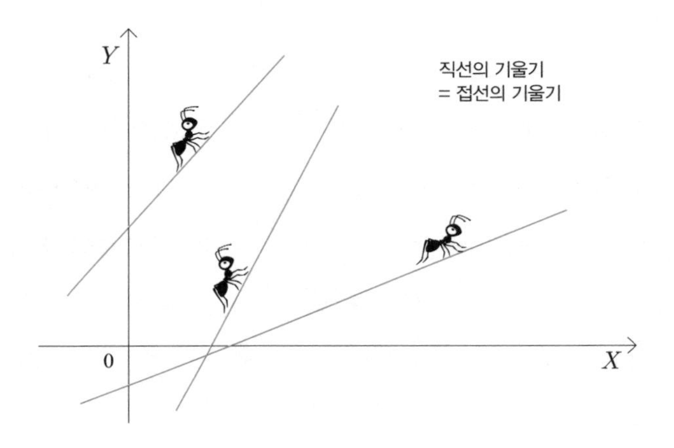

미분개미가 어떤 직선 위를 기어간다고 할 때 '미분'을 생각해 보자. 미분개미는 이 상황에서 직선의 모든 점에서 경사(접선의 기울기)가 항상 일정하다고 느낄 것이다. 직선의 기울기 그 자체가 바로 미분개미가 느끼는 경사이며, 접선의 기울기가 바로 직선의 기울기가 된다.

위 그림의 직선의 기울기는 모두 양수이다. 직선의 기울기가 음수인 경우도 있는데 이는 다음과 같다.

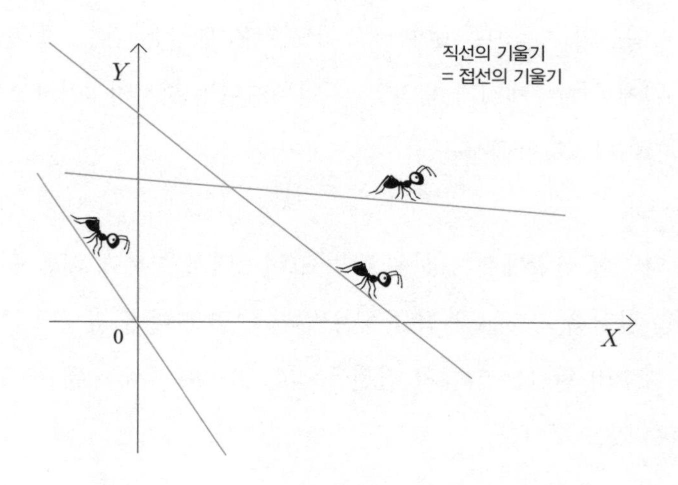

위 그림에서 직선의 기울기는 모두 음수이다. 마찬가지로 미분개미가 느끼는 경사는 직선의 기울기와 완벽히 동일할 것이다. 마지막으로 생각해 볼 상황은 미분개미가 평행선 위를 지나갈 때이다. 다음 그림을 살펴보자.

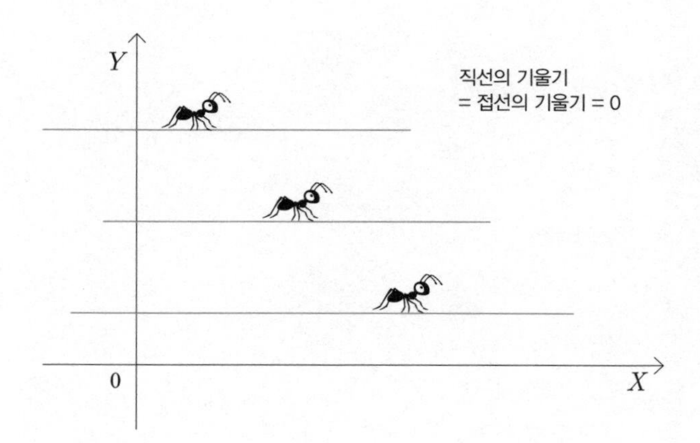

평행선의 기울기는 0이다. 그러므로 위와 같은 상황, 즉 평행선 위에서 미분개미가 움직일 때 미분개미는 경사가 0이라고 느낄 것이다. 즉 평행선을 미분하면 0이 된다.

다양한 상황에서 접선을 직접 그려보면서 미분에 대한 직접적인 감각을 가지는 경험을 해보았다. 연필 하나만 있으면 주어진 함수의 원하는 점에서 접선을 직접 그어보면서 미분을 느껴볼 수 있을 것이다.

GPS 미분개미가 알려주는 미분

GPS 미분개미는 일반 미분개미에 GPS 장치가 장착되어 있기 때문에 미분개미가 그래프 위를 움직일 때 실시간으로 좌표 (x, y)를 수신할 수 있다. 또한 이렇게 수신한 좌표값을 활용하여 기울기 값을 계산하여 이를 스크린에 표시하는 능력이 있다.

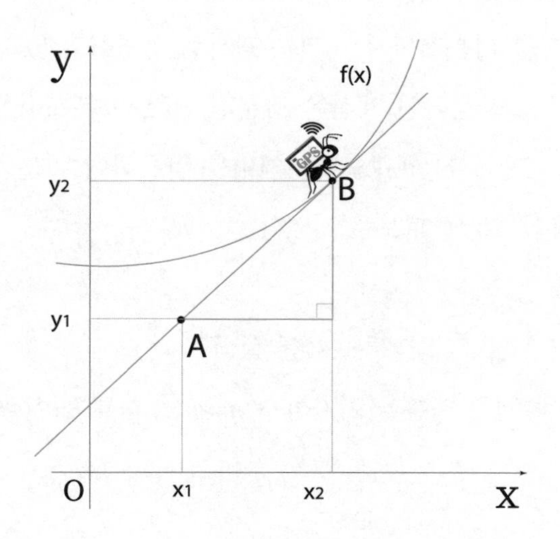

어떤 함수 $f(x)$ 위의 점 B에서 미분을 생각해 보자. 점 B에 접하는 접선을 생각할 수 있고, 이때 GPS 미분개미를 접선 위에 올려두고 움직이게 해보자. GPS 미분개미는 점 A와 점 B를 지나갈 때 GPS 장치로 점 A의 좌표(x_1, y_1)와 점 B의 좌표 (x_2, y_2)를 정확하게 수신할 수 있다. 이 정보를 이용하여 접선의 기울기를 다음과 같이 계산할 수 있다.

$$\text{점 } B\text{에서 접선의 기울기} = \frac{y\text{의 변화량}}{x\text{의 변화량}} = \frac{y_2 - y_1}{x_2 - x_1}$$

이렇게 계산된 기울기는 GPS 미분개미에 장착된 화면을 통해 그 값이 나타난다. 우리는 아직 미분을 수학적으로 계산하는 실제 방법을 알지 못한다. 접선을 긋는 것도 손으로 직접 그어보고 있고 이를 미분개미가 느끼는 경사로 설명하고 있다. 미분과 관련된 모든 구체적인 계산은 당분간 GPS 미분개미에게 맡긴다. 우리의 관심사는 GPS 미분개미를 활용하여 미분의 특성을 다양한 방식으로 살펴보는 것이다.

GPS 미분개미와 함께하는 생각실험

위에서 설명한 미분을 이차함수 $y=x^2$을 통해서 살펴보자.

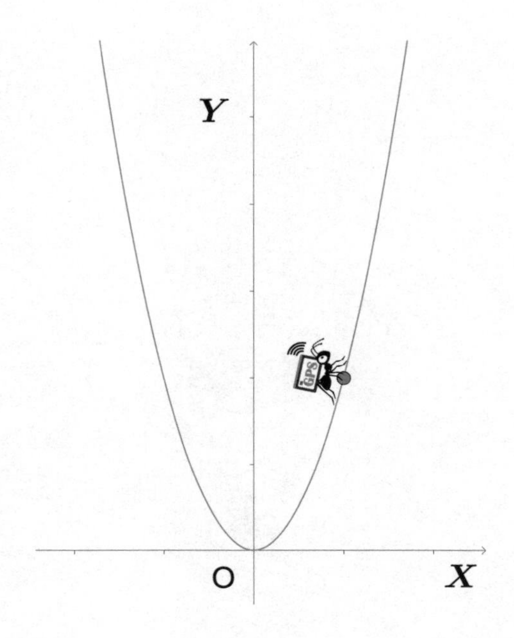

이차함수 $y=x^2$의 그래프의 특징은 y축 대칭이며 아래로 볼록하다. 그래프의 임의의 점에 GPS 미분개미를 올려두고 생각 실험을 시작해 보자.

GPS 미분개미는 현재 위치하고 있는 위치를 수신할 수 있고, 스크린에 (2, 4)라는 좌표를 표시하고 있다. 점 (2, 4)에서 미분을 하려면, 현재 우리가 할 수 있는 유일한 방법은 해당 점에서 접선을 직접 긋는 것이다. 접선을 긋고 접선 위를 GPS 미분개미가 움직이게 해보자. 미분개미는 접선 위를 움직일 때마다 정확한 위치를 수신할 수 있다.

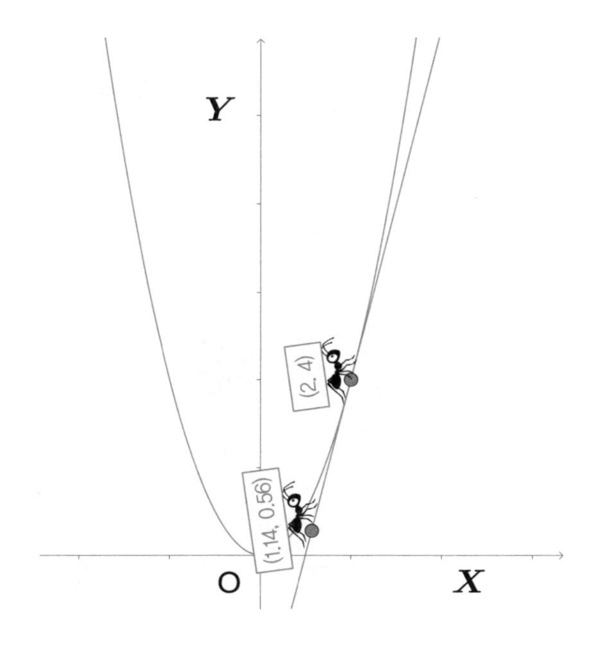

위 그림과 같이 GPS 미분개미가 접선 위의 좌표 (1.14, 0.56)를 표시하고 있다. 이제 GPS 미분개미는 접선의 기울기를 계산할 수 있다. 두 점의 좌표가 (2, 4)와 (1.14, 0.56)이라는 것을 알고 있으므로 접선의 기울기는 $\frac{(4-0.56)}{(2-1.14)}=4$로 계산된다. 4라는 값은 접선의 기울기이면서 (2, 4)에서 미분한 결과이기도 하다. 미분개미가 함수 위의 점(2, 4)에서 느끼는 경사를 4라는 특정한 값으로 설명할 수 있게 된 것이다.

경사를 막연하게 '크다, 작다'로 표현하지 않고, GPS 미분개미를 통해 드디어 구체적인 값으로 경사를 알게 되었다. GPS 미분개미는 이처럼 구체적인 미분 결과를 알려줄 수 있다. 이 결과를 활용하여 다음 질문을 생각해 보자.

점(2, 4)에서 접선의 기울기가 4일 때,
y축에 대칭인 점(-2, 4)에서 접선의 기울기는 얼마일까?

그래프의 모양을 떠올리면 점(2, 4)의 y축에 대칭인 점(-2, 4)에서 미분 결과를 GPS 미분개미를 이용할 필요 없이 곧바로 생각해 낼 수 있다. 바로 -4이다. 그래프가 y축 대칭이기 때문이다.

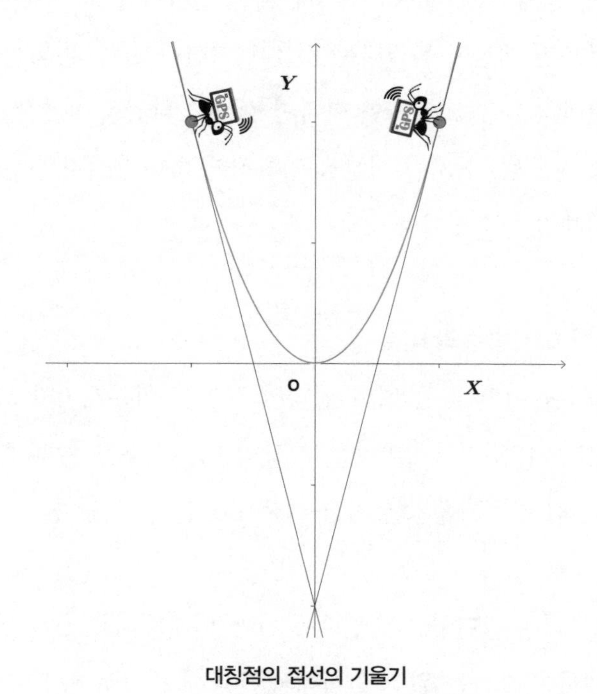

대칭점의 접선의 기울기

위와 같이 $y=x^2$의 그래프에서 어떤 점과 y축에 대칭인 점에서 각각의 접선을 함께 생각할 수 있다. y축에 대칭인 점에서 접선의 기울기는 원래의 점에서 접선의 기울기에 음수(-)를 붙이기만 하면 된다.

이처럼 함수의 특성과 미분의 개념을 정확히 이해하고 있다면, 접선의 기울기를 쉽게 찾을 수 있다.

미분의 대상은 함수이다. 함수의 특성을 이해하면서 미분을 한다면, 미분 결과를 검증할 수 있다. 예를 들어, $y=x^2$ 함수에서 $x>0$인 영역에서 미분하였을 때 계산 결과가 음수가 나왔다면 이는 무조건 계산이 틀렸다는 것을 의미한다. 함수의 특성을 제대로 파악하지 않고 계산만 한다면 실수가 나왔을 때 이를 확인할 방법이 없다. 이처럼 미분을 정확하게 하려면 주어진 함수에 대한 이해가 필수적이다.

간단한 이차함수의 미분

미분이란 어떤 곡선 위의 임의의 점에서 미분개미가 느끼는 경사이다. GPS 미분개미라는 가상의 미분도구를 통해 확인해 본 결과, 접선의 기울기는 결국 계산으로 알 수 있었다.

이제부터는 간단한 다항함수를 GPS 미분개미를 사용하여 모든 점에서 미분하는 원리에 대해서 생각해 보기로 하겠다. 물론 모든 계산은 GPS 미분개미에게 맡기고 우리는 그 원리에 집중해 보자.

우리에게 익숙한 이차함수 $y=x^2$을 미분해 보자.

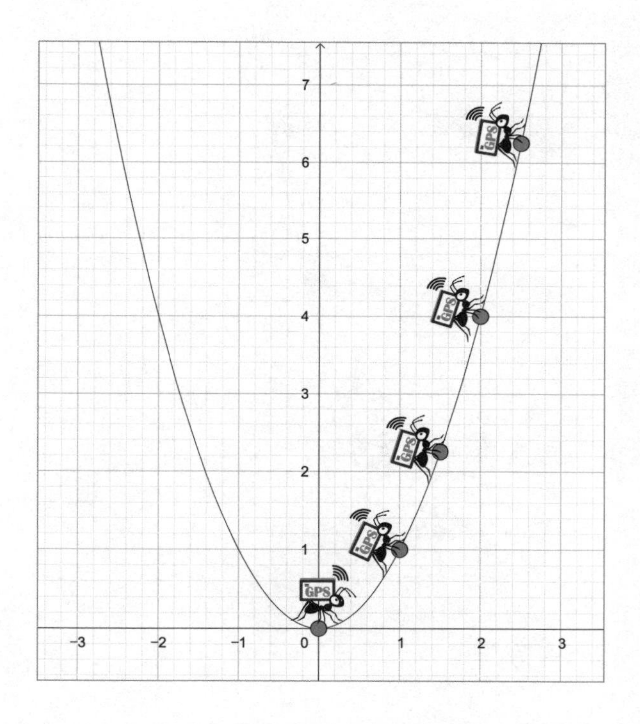

GPS 미분개미를 (0, 0)에서 출발시켜 함수 위의 점 (1, 1), (1.5, 2.25), (2, 4), (2.5, 6.25) 위를 지나가게 한다. 그리고 각 점에서 접선의 기울기를 GPS 미분개미가 계산하게 만든다. 각 점에서 접선의 기울기는 다음 그림처럼 GPS 미분개미의 스크린에 표시된다.

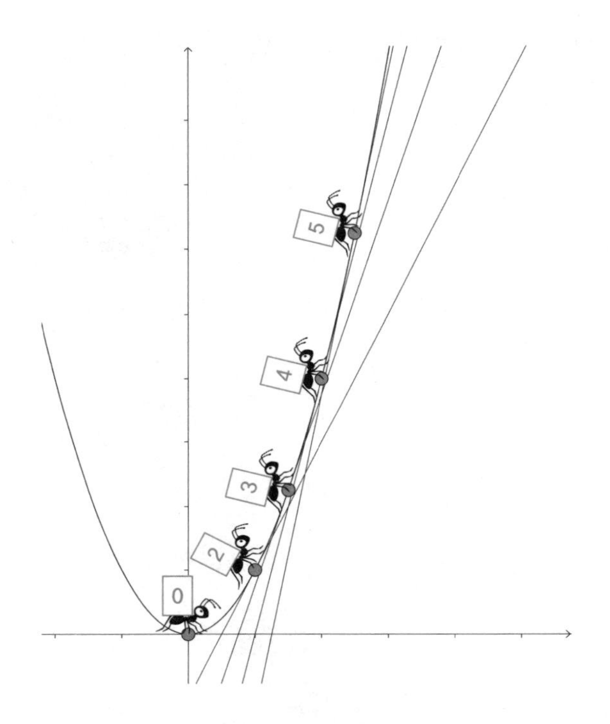

구체적인 계산은 모두 GPS 미분개미에게 맡겼으므로 우리는 이 결과를 해석하기만 하면 된다. 미분 결과를 표로 정리하면 다음과 같다.

점의 좌표	미분 결과, 접선의 기울기
(0, 0)	0 접선의 기울기=0
(1, 1)	2 접선의 기울기=2
(1.5, 2.25)	3 접선의 기울기=3
(2, 4)	4 접선의 기울기=4
(2.5, 6.25)	5 접선의 기울기=5

위 그래프는 함수 위의 특정한 점 5개에 대한 각각의 접선의 기울기를 정리한 결과다. 각 점에서 접선의 기울기를 '**미분계수**'라고 부른다. 예를 들어 (1, 1)에서 미분계수는 2이다. (2.5, 6.25)에서 미분계수는 5이다. 다시 강조하자면 미분계수는 특정한 점에서 미분 결과를 말할 때 사용하는 수학 용어다.

$y=x^2$ 그래프 모양은 y축에 대칭이므로 위 표를 y축에 대칭인 점을 포함하여 확장할 수 있다. 다음의 표를 보자.

점의 좌표	미분 결과, 미분계수
(0, 0)	0
(1, 1)	2
(1.5, 2.25)	3
(2, 4)	4
(2.5, 6.25)	5
(−1, 1)	−2
(−1.5, 2.25)	−3
(−2, 4)	−4
(−2.5, 6.25)	−5

표에 추가된 y축에 대칭인 점에 대한 미분계수 정보를 보자. 이 점들에 대해서는 다시 미분할 필요 없이 기존의 해당 대칭점의 미분계수에 -1을 곱하면 된다는 것을 앞서 배운 바 있다. 지금 우리는 9개의 점에 대하여 각각의 미분계수를 알고 있다. 이 표에서 주어진 점의 좌표 중 x좌표를 그대로 두고 미분계수를 y값으로 하는 (x, y)를 표로 만들어 보면 다음과 같다.

미분할 점의 x 좌표: x	미분계수: y
0	0
1	2
1.5	3
2	4

2.5	5
−1	−2
−1.5	−3
−2	−4
−2.5	−5

위 표의 점(x, y)를 그래프로 표시해 보자.

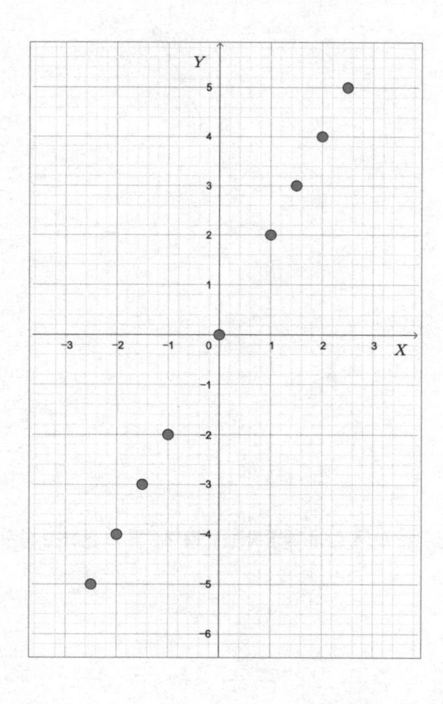

위 그래프는 원래의 함수 $y=x^2$ 위의 9개의 특정한 점에서 미분한 결과를 보여준다. 즉, 각 점에서 미분계수를 표현하고 있

다. 하지만 $y=x^2$ 위에는 점이 9개만 있는 것이 아니라, 수없이 많은 점이 있으므로 모든 점에 대한 미분계수를 찾을 수 있어야 한다. 이를 위해서 위의 미분계수 결과를 자연스럽게 연결해 보자.

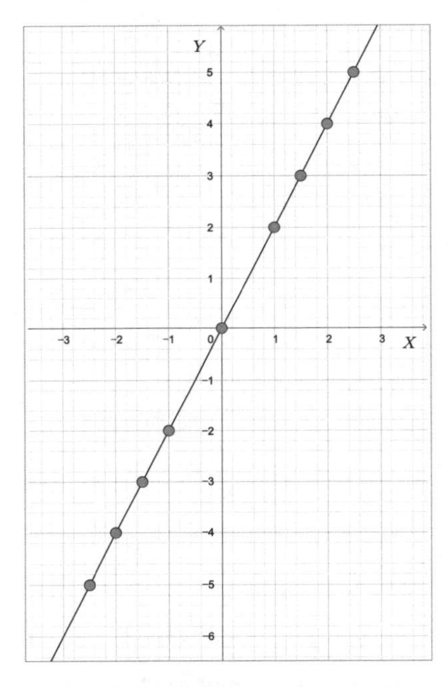

도함수는 모든 점에 해당하는 미분계수를 표현하는 함수다.

그 결과 위와 같은 그래프를 얻을 수 있고 모든 미분계수 값은 위 직선 위에 있을 것으로 예상할 수 있다.

정리해 보면, 특정한 점에서 접선의 기울기를 미분계수라고 부르며, 모든 점에서 미분계수를 모아서 그래프로 표현된 함수를 '**도함수**'라고 부른다. 위 그래프는 정확하게 $y=2x$라는 직선의 함수이다. 즉, $y=x^2$ 함수를 미분하면 $y=2x$가 되고 이때 $y=2x$를 $y=x^2$ 의 도함수라고 부른다.

일반 미분개미와 GPS 미분개미가 사용하는 언어의 차이

이차함수 $y=x^2$의 그래프 모양을 미분의 언어로 설명해 보자.

먼저, 일반 미분개미는 그래프를 산의 모양이라고 생각하며 각 점에서 경사를 느끼는 정도의 기능을 가지고 있다. 그러므로 $y=x^2$의 모양을 설명할 때 다음과 같은 언어로 표현한다.

오르막 경사가 심하다.
오르막 경사가 조금 있다.
내리막 경사가 심하다.
내리막 경사가 조금 있다.
경사가 없다(평평하다).

위와 같은 표현은 미분이라는 수학 개념을 잘 모르더라도 설명할 수 있다. 하지만 똑똑한 GPS 미분개미는 좀 더 구체적인 언어로 표현한다.

$x=0$에서 미분계수는 0이다.

$x=2$에서 미분계수는 4이다.

위와 같이 GPS 미분개미의 언어는 해당 위치에서 미분계수를 정확하게 표현할 수 있는 장점이 있다. 일반 미분개미와 비교하면 훨씬 수준 높은 미분언어를 사용하고 있는 셈이다.

미분을 배우는 입장에서 우리가 사용해야 할 언어는 분명히 GPS 미분개미가 사용하는 방식이어야 한다. GPS 미분개미가 사용하는 언어뿐만 아니라 GPS 미분개미를 통해서 얻은 많은 데이터를 분석하여 '$y=x^2$의 도함수는 $y=2x$이다' 와 같이 한 문장으로 깔끔하게 설명할 수 있다. 이것이 미분의 언어가 나타내는 명료한 표현이다.

삼차함수의 미분 특성

이차함수에 이어서 삼차함수 $y=x^3$의 미분을 생각해 보자. 삼차함수의 미분까지 다루고 나면 다항함수의 미분에 대한 일반적인 특성까지 유추할 수 있다.

삼차함수 $y=x^3$ 그래프를 살펴보자. 지금까지 미분개미를 이용한 생각실험을 떠올리며 다음의 함수를 미분하면 어떻게 될지 철저히 미분의 관점으로 생각해 보자. 함수를 미분하면 어떤 특성이 나타날까?

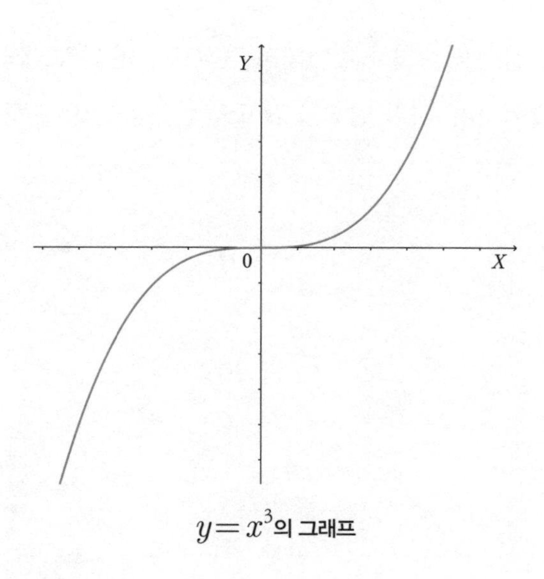

$y = x^3$의 그래프

미분과 관련된 다음 생각실험의 수행 결과를 스스로 생각해 보자.

❖ 생각실험

실험 1 원점에서 미분계수는 얼마일까?

실험 2 원점이 아닌 임의의 점에서 미분을 하면 미분계수의 부호는 양수일까, 음수일까?

실험 3 그래프 위의 점 (1, 1)에서 미분계수와 (−1, −1)에서 미분계수는 같을까?

실험 4 그래프 위의 점 (0.6, 0.22)의 미분계수와 (−0.6, −0.22)에서 미분계수는 같을까?

주어진 질문을 해결하기 위해서 그래프 위의 다섯 개의 점에서 접선을 그어보자. 각자 연필을 잡고 접선을 꼭 그어보길 바란다.

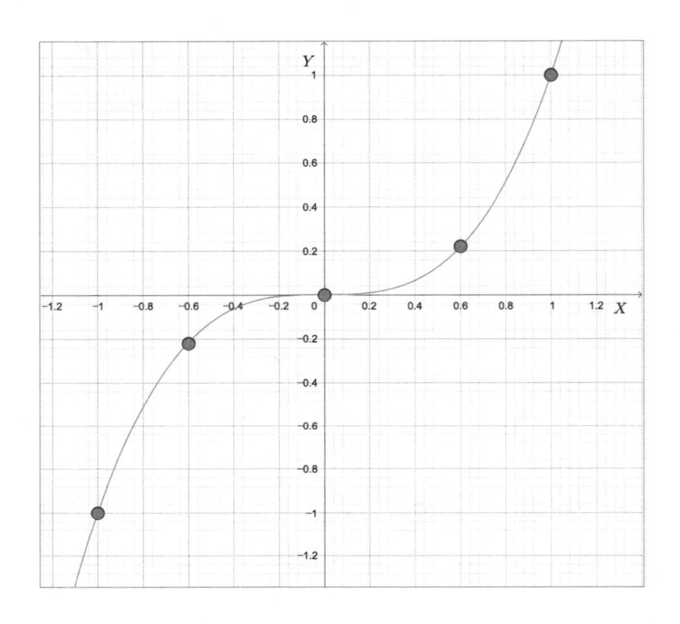

직접 그은 접선을 보면서 각각의 생각실험을 분석해 보자.

실험 1 원점에서 미분계수는 얼마일까?

실험 결과, 원점에서 그래프 모양은 부드러운 곡선으로 되어 있어 미분이 가능하며, 접선은 x축이 될 것이다. 그러므로 원점에서 미분계수는 0이다.

실험 2 원점이 아닌 임의의 점에서 미분을 하면 미분계수의 부호는 양수일까, 음수일까?

실험 결과, 연필로 그래프 위의 임의의 점에서 접선을 그어보면, 원점을 제외한 모든 점에서 미분계수는 항상 양수가 된다는 것을 확인할 수 있다.

실험 3 그래프 위의 점 (1, 1)에서 미분계수와 (−1, −1)에서 미분계수는 같을까?

실험 결과, 두 점에서 접선을 그어보면 대략 아래와 같은 형태가 되며 두 접선이 평행한 것으로 보인다. 그러므로 미분계수가 동일할 것으로 예측할 수 있다. 미분개미의 입장에서 보면 두 점에서 경사는 정확하게 동일하다고 느낄 것이다.

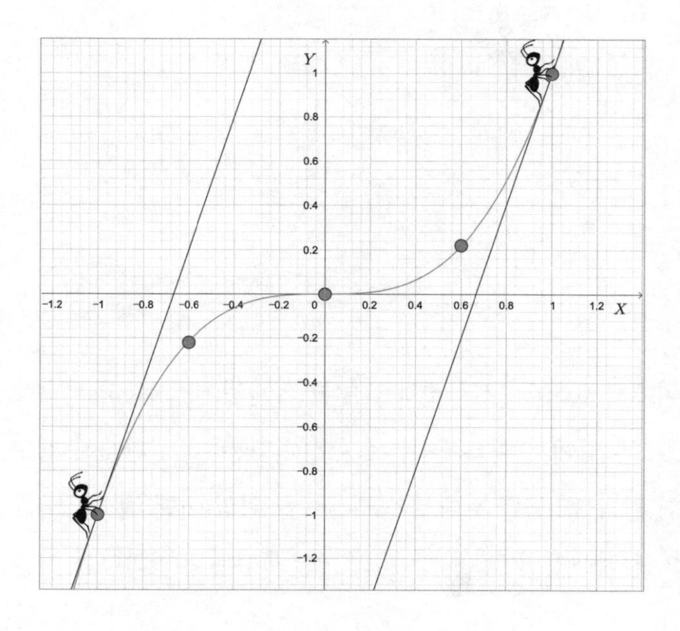

실험 4 그래프 위의 점 (0.6, 0.22) 의 미분계수와 (−0.6, −0.22)의 미분계수는 같을까?

실험 결과, 두 점에서 접선을 그어보면 다음 그림과 같은 형태가 되며 두 접선이 평행한 것으로 보인다. 그러므로 미분계수가 동일할 것으로 예측할 수 있다. 미분개미가 느끼는 경사도 분명 동일할 것이다.

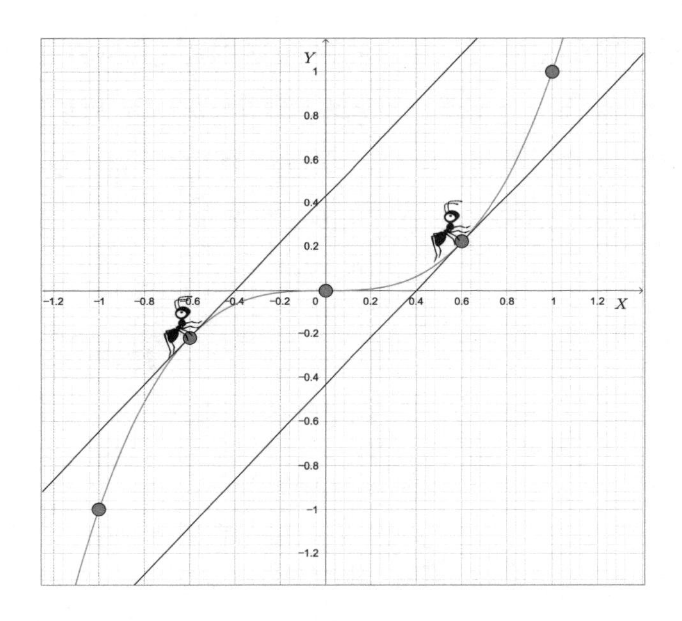

위에서 실험한 모든 결과를 미분의 관점에서 좀 더 분석해 보자. 모든 점에서 미분계수는 0 이상이라는 것이 확실하다. 또한 실험 결과 3과 4를 토대로 함수 $y=x^3$ 위의 어떤 점 (x, y)과 그 점의 원점대칭인 점 $(-x, -y)$의 미분계수는 동일하다는 것을 유

추할 수 있다. 그러므로 $x > 0$ 이상인 구간에서 미분한 결과를 알고 있다면 $x < 0$ 구간에서는 미분을 하지 않아도 그 결과를 알 수 있다.

GPS 미분개미를 이용한 삼차함수의 미분

$x \geq 0$일 때, 몇 개의 점에서 미분계수를 생각해 보자. 물론 모든 계산은 GPS 미분개미에게 맡긴다.

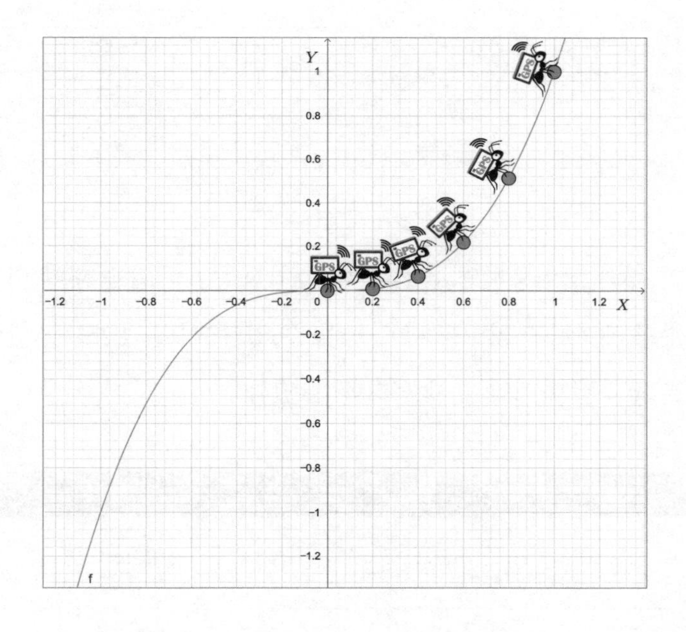

GPS 미분개미를 x좌표 0, 0.2, 0.4, 0.6, 0.8, 1.0에서 각각의 함숫값에 해당하는 점 위에 올려두고 미분계수를 계산한다. 다시 한번 말하지만 미분계수를 계산하는 엄밀한 수학적 방법이 현재

우리의 관심사는 아니다. GPS 미분개미가 계산한 결과를 분석하여 함수 $y=x^3$를 미분하면 어떤 특성이 있는지 살펴보는 것에 집중하자. GPS 미분개미가 계산한 미분계수 데이터는 아래와 같다.

주어진 점의 x 좌표	미분계수
0	0
0.2	0.12
0.4	0.48
0.6	1.08
0.8	1.92
1.0	3

이 결과를 이용하면 원점에 대칭인 점 $(-x, -y)$에 대한 미분계수를 계산하지 않고도 바로 얻을 수 있다. 이 결과까지 포함한 미분 결과는 아래와 같이 정리할 수 있다.

주어진 점의 x 좌표	미분계수
0	0
0.2	0.12
−0.2	0.12
0.4	0.48
−0.4	0.48
0.6	1.08

-0.6	1.08
0.8	1.92
-0.8	1.92
1.0	3
-1.0	3

위 표에서 주어진 점의 x좌표를 x로 하고 해당하는 미분계수를 y로 할 때, (x, y)를 좌표평면 위에 표시해 보자.

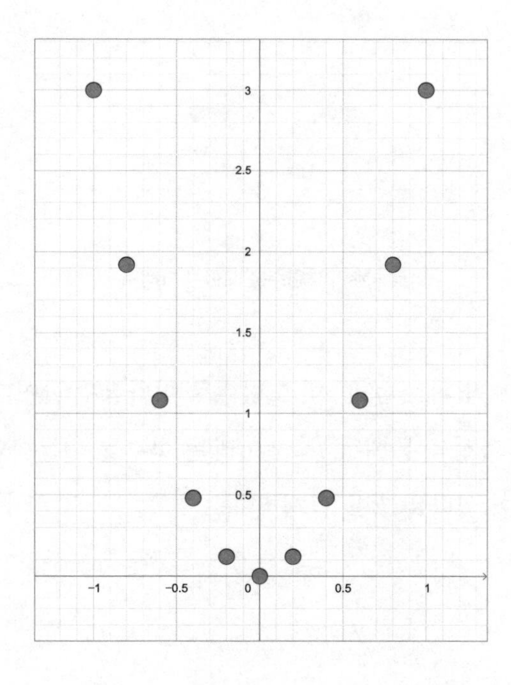

이제 위 미분계수 결과를 부드럽게 연결하면 다음과 같다.

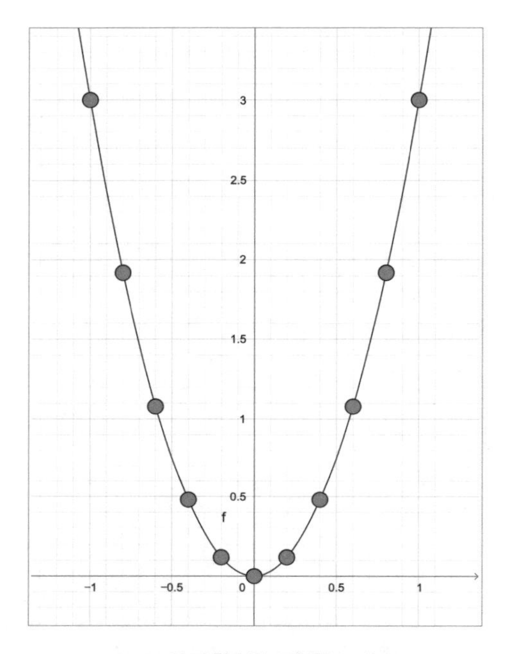

$y=x^3$의 도함수를 표현한 그래프

위 그래프가 바로 $y=x^3$의 도함수로 이차함수 꼴이다. 지금까지 수행한 과정을 통해서 $y=x^3$이라는 함수를 미분하면 다음과 같은 특성이 있다는 것을 알게 된다.

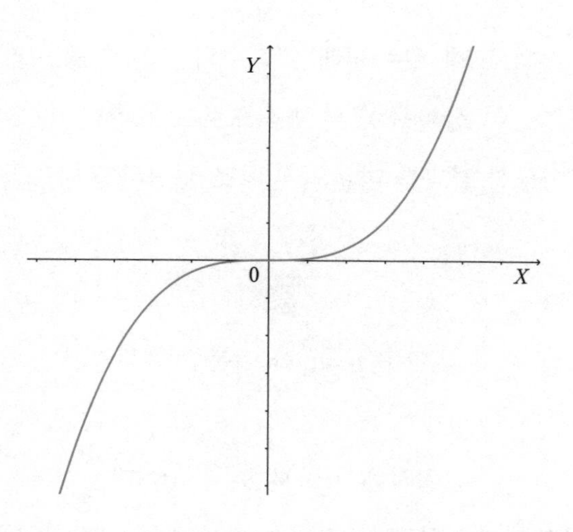

미분하면

↓

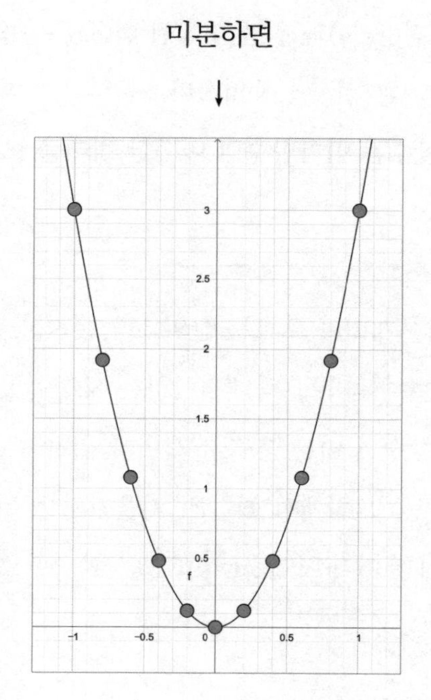

위 두 개의 그래프는 원래의 함수와 도함수를 그래프로 보여주고 있다. 이 상황을 다른 방식으로도 표현할 수 있다. 함수 $y=x^3$을 미분한 결과를 미분의 언어로 설명하면 다음과 같다.

함수 $y=x^3$을 미분한 결과

원점에서 미분계수는 0이다.

원점을 제외한 모든 점에서 미분계수는 항상 양수다.

$y=x^3$ 위의 점(x, y)과 원점 대칭인 점$(-x, -y)$의 미분계수는 동일하다.

도함수는 이차함수와 비슷한 형태를 보인다.

뾰족산을 미분하기

지금까지 미분개미가 오르는 산의 모양은 이차함수처럼 볼록하거나 삼차함수처럼 오르락내리락하는 모양이었다. 산의 모양이 함수이며, 함수의 미분은 결국 개미가 위치하고 있는 점에서 느끼는 경사 즉, 그 점에서 접선의 기울기라는 것을 이해할 수 있었다. 이번에 개미가 오를 산의 모양은 뾰족한 모양이다.

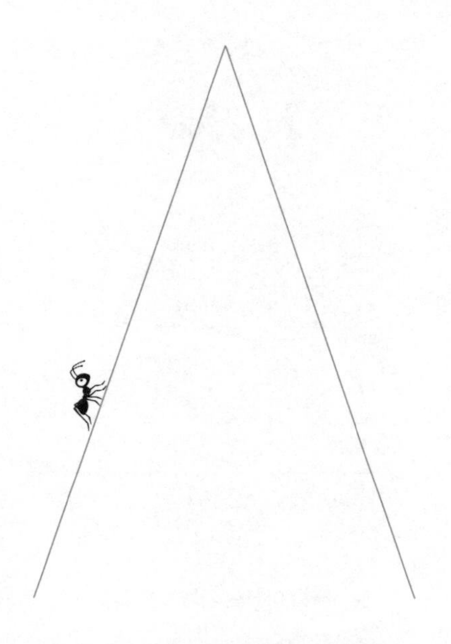

뾰족산의 꼭대기에서도 미분이 가능할까?

뾰족산의 꼭대기를 제외한 모든 점에서의 미분계수는 쉽게 생각할 수 있다. 꼭대기를 기준으로 왼쪽 면은 미분개미 입장에서 일정한 오르막 경사를 느끼게 할 것이다. 즉 직선의 기울기가 양수인 어떤 일정한 값을 미분계수로 생각할 수 있다. 꼭대기를 기준으로 오른쪽 면은 미분개미가 내리막 경사로 느낄 것이며 기울기가 음수인 직선의 기울기 값이 미분계수가 될 것이다. 뾰족산의 미분에서 생각해 볼 생각실험은 꼭대기의 한 점에서 미분계수를 찾는 것이다.

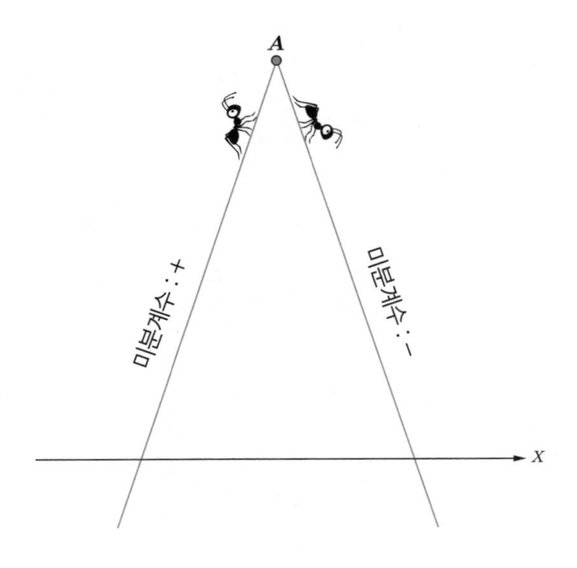

점 A에서 미분은 가능하지 않다.

꼭대기 점 A에서 미분계수를 생각하려면 미분개미를 점 A 위에 올려두면 된다. 하지만 이번에는 올려두는 것 자체가 쉽지 않다. 그 이유는 점 A는 미분계수가 양수인 오르막 직선의 끝점이면서 동시에 미분계수가 음수인 내리막 직선의 시작점이기 때문이다. 점 A의 왼쪽과 오른쪽에서 생각할 수 있는 미분계수가 다른 경우이다. 이 같은 경우에는 미분을 생각할 수 없다. 한마디로 점 A에서는 미분이 가능하지 않다는 것이다. 함수의 모양에 따라 이처럼 미분이 가능하지 않는 점도 존재한다.

미분의 관점에서 바라본 다항함수

지금까지 미분개미를 이용한 생각실험을 정리하면 다음과 같다.

상수를 미분하면 0이 되었으며, 일차함수(직선)를 미분하면 주어진 함수의 기울기 그 자체가 되며, 이차함수를 미분해 보니 직선 모양의 도함수가 나왔으며 삼차함수를 미분하면 이차함수 모양의 도함수를 가진다.

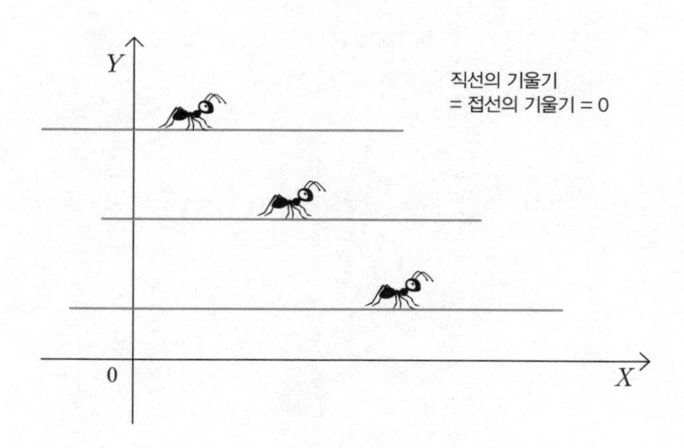

미분하면 → 0

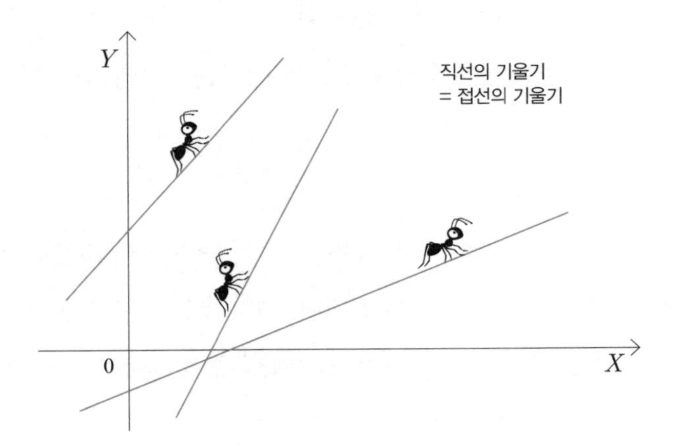

미분하면 → 상수(각각의 직선의 기울기)

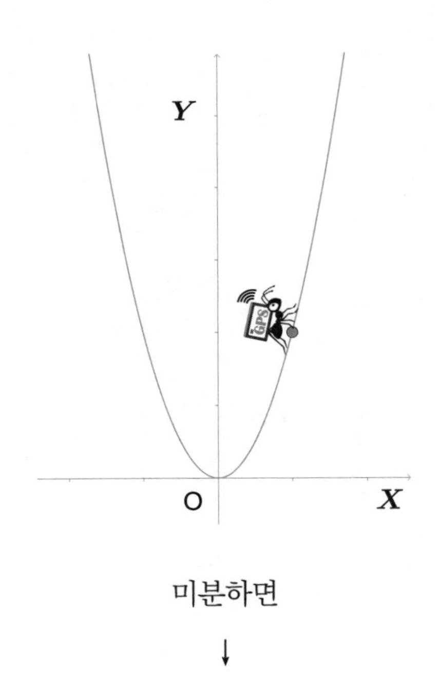

미분하면

↓

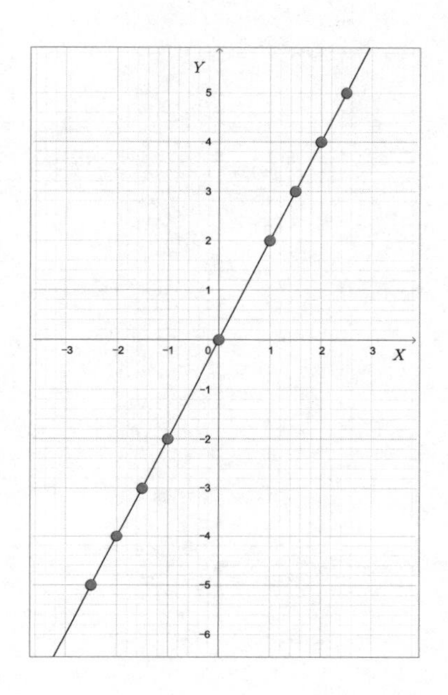

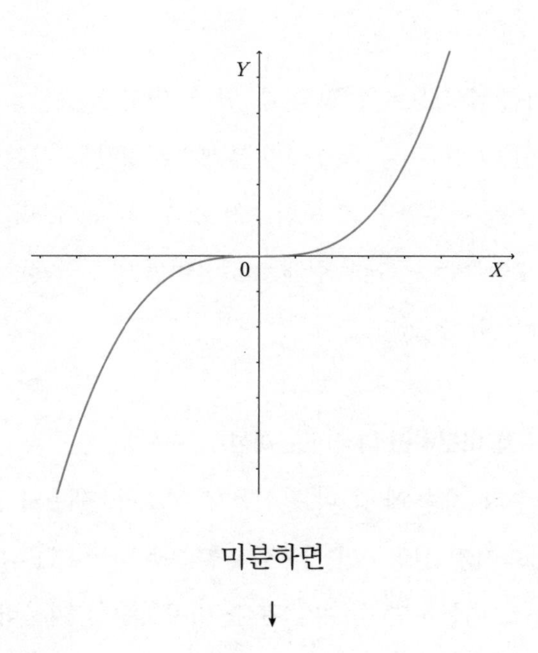

미분하면

↓

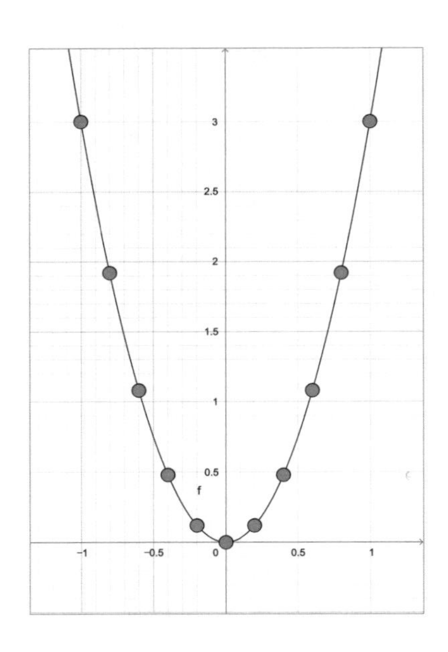

이 결과를 수식으로 설명할 수 있다. 일차함수는 $y=ax+b$ $(a \neq 0)$ 형태이며 모든 점에서 미분계수는 a값을 가진다. 이차함수 $y=x^2$을 미분하면 그 도함수가 $y=2x$가 된다. 마지막으로 $y=x^3$의 도함수는 $y=ax^2$ 형태로 a는 어떤 양수일 것이며 현재 정확한 값은 알 수 없다.

다항함수를 미분하면 나타나는 특성

다항함수의 '차수'에 좀 더 관심을 가져보자. 미분의 관점에서 이를 일반화시켜 설명하면 상수함수를 미분하면 0이 되며, 일차함수(직선)를 미분하면 상수가 된다. 이차함수를 미분하면 일차함수가 되고 삼차함수를 미분하면 이차함수가 된다. 미분의 관점에서 이 상황을 일반적으로 확장해 보자. 다항함수를 미분하면 원래 함수의 차수보다 한 차수 낮아진다는 것이 결론이다. 이것이 다항함수를 미분했을 때의 특성이다.

기하급수적으로 변화하다

미분개미가 지금까지 오르내린 산은 다항함수 모양이었다. 하지만 산의 모양(함수의 모양)은 다양하므로 이제부터는 지금까지 다룬 산과는 조금 다른 산을 다뤄보려고 한다. 산의 모양이 매우 급격하게 변하는 모양으로 바로 '지수' 개념과 관련되어 있다.

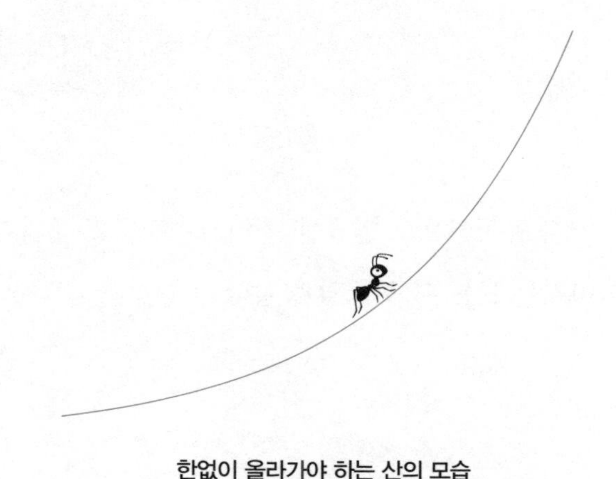

한없이 올라가야 하는 산의 모습

무엇인가 '급격하게 변화'하는 것은 항상 언론의 관심을 받게 되는데 다음의 뉴스 역시 마찬가지다.

> 테슬라의 시가총액이 기하급수적으로 늘면서 13년 된 신생업체가 100년 전통의 포드와 GM을 넘어섰다는 소식은 전 세계 시장을 달구기도 했다.
>
> 양자컴퓨팅은 고전 컴퓨팅과는 달리 큐비트의 개수에 따라 정보 공간의 차원이 기하급수적으로 증가하기 때문에 이론적으로 고차원 정보처리에 있어 기하급수적으로 뛰어난 성능을 낼 수 있다.
>
> 괴물, 감기, 부산행 등 바이러스가 꾸준히 영화의 소재로 쓰이고 있는 이유는 바이러스의 증식 속도가 기하급수적이며 인류를 위협할 만큼 위험한 요소이기 때문이다.
>
> \- 인터넷 기사 중에서 -

위 뉴스에서 공통적으로 언급한 '기하급수적으로 증가한다'는 내용의 이미지는 보통 다음 그림과 같다.

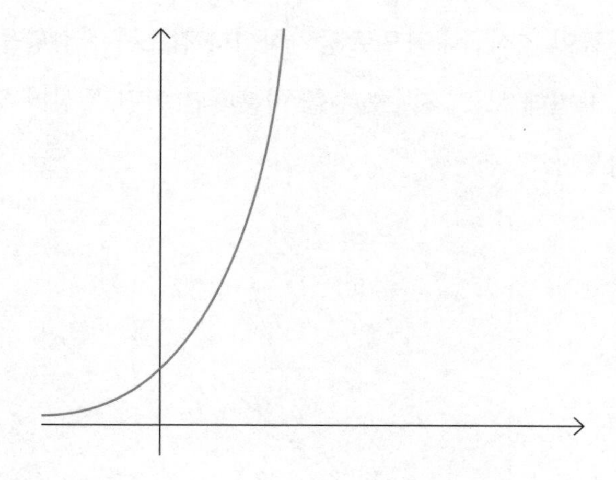

반대로 기하급수적으로 급격하게 감소하는 경우도 있다.

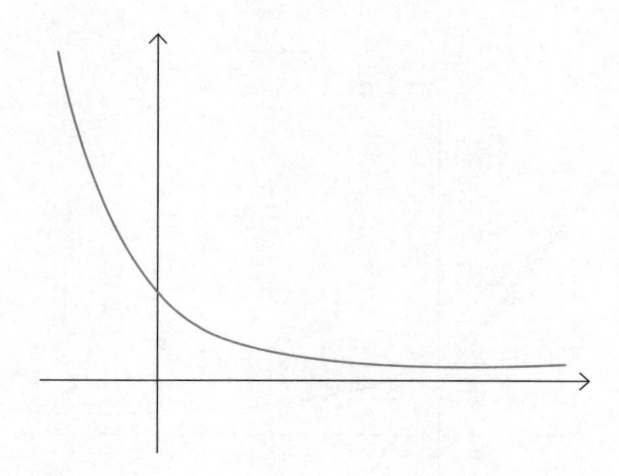

위와 같이 기하급수적으로 증가하거나 감소하는 상황을 지수함수로 표현해 보고, 지수함수를 미분하면 어떤 특징이 있는지도 알아보자.

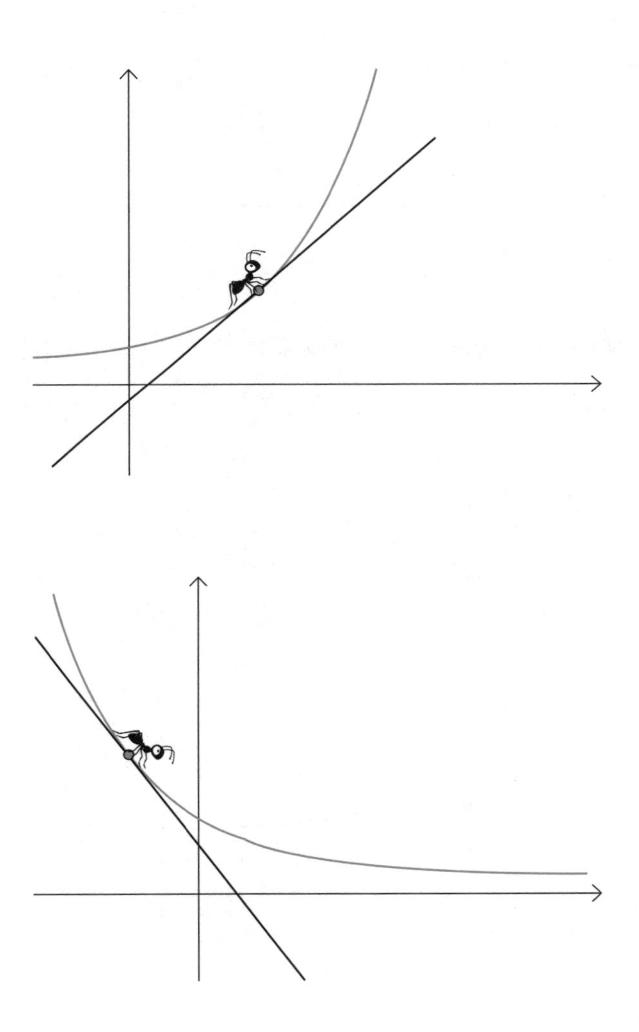

지수함수를 미분하면 어떤 특성이 있을까?

지수함수의 미분 특성을 파악하기 전에, 지수에 대한 최소한의 성질을 짚고 넘어가자. 지수는 다음과 같은 수학적 표현을 가진다.

$$a^x$$

어떤 실수 a의 오른쪽 위에 작은 숫자 x를 올려놓은 것이 지수를 표현하는 방법이다. a의 x제곱으로 읽고 a를 밑, x를 지수라고 한다.

지수는 어떤 수 a를 여러 번 곱하는 경우를 표현하기 위한 표기법이다. 예를 들어, 2를 10번 곱할 경우 2×2×2×2×2×2×2×2×2×2라고 표시해도 되지만 지수 표기법을 사용하면 다음과 같이 간단하게 나타낼 수 있다.

$$2^{10}$$

이 값을 실제로 계산하면 1024이므로 실수임이 확인된다. 이와 관련하여 알아두면 편할 몇 가지 성질도 살펴보자.

밑이 동일할 때의 곱셈

예를 들어, $2^3 \times 2^2 = 2 \times 2 \times 2 \times 2 \times 2 = 2^5$이므로, $2^3 \times 2^2 = 2^{3+2} = 2^5$으로 생각할 수 있다. 일반화시켜 보자. a가 양수이고 m, n이 자연수일 때,

$$a^m a^n = a^{m+n}$$

이를 ‘밑이 동일한 두 수를 곱할 때 지수는 더한다’라고 표현할 수 있다.

괄호를 포함한 경우

예를 들어, $(2^2)^3$을 살펴보면 지수 표기 약속에서 괄호 안의 식 2^2 전체를 3번 곱하라는 의미이므로 $2^2 \times 2^2 \times 2^2 = 2^{2\times3} = 2^6$이다.

$$(a^m)^n = a^{mn}$$

즉, 지수 전체의 지수 형태는 지수끼리 곱하면 된다.

밑이 동일할 때의 나눗셈

$2^3 \div 2^2 = (2\times2\times2) \div (2\times2) = 2^{(3-2)} = 2$

즉, 밑이 동일한 지수의 나눗셈은 분자의 지수에서 분모의 지수를 빼면 된다.

$$a^m \div a^n = a^{m-n}$$

지수가 0일 때

$2^3 \div 2^3 = 1$인 것은 당연하다. 방금 배운 지수법칙을 이용하여 다시 계산하면 $2^3 \div 2^3 = 2^{(3-3)} = 2^0$이다. 지수가 0인 형태이다. 이를 어떻게 처리하면 될까? 새로운 약속을 만들면 된다. 즉, 지수가 0이면 그 값은 1이라고 약속하자.

$$a^0 = 1$$

이 약속만 지키면 지수법칙을 수정하지 않아도 된다.

지수가 음수일 경우

$2^2 \div 2^4 = \dfrac{(2\times2)}{(2\times2\times2\times2)} = \dfrac{1}{2^2}$임을 알 수 있다. 나눗셈에 대한 지수법칙을 그대로 적용해 보면, $2^2 \div 2^4 = 2^{(2-4)} = 2^{-2}$이다. 지수가 음의 정수가 되어버렸다. 이건 또 어떻게 처리해야 할까? 이에 대한 우리들의 선택은 $2^{-2} = \dfrac{1}{2^2} = \dfrac{1}{4}$ 라고 정의하면 된다. 이를 일반화시켜 보면, n이 양의 정수일 때 $a^{-n} = \dfrac{1}{a^n}$ 이다.

$$a^{-n} = \frac{1}{a^n}$$

이제 우리는 지수가 0일 경우, 혹은 지수가 음수라도 당황하지 않게 되었다.

GPS 미분개미가 알려주는 지수함수의 미분 특성

$y=a^x$ 형태의 지수함수에서 a 값은 1이 아닌 양수일 때만 정의한다. 왜냐하면 $a<0$인 경우에 a^x 값이 실수가 아닐 수 있다. 예를 들면 $(-2)^{1/2}$은 제곱하면 -2가 되는 수이다. 이는 $\sqrt{-2}$ 이므로 실수가 아니다. 또한 a가 0이나 1이면 함수로서 의미가 없으므로 이 경우에도 지수함수를 정의하지 않는다.

그러면 지금부터 간단한 지수함수 $y=2^x$ 그래프를 통해서 지수함수의 미분특성을 살펴보기로 하자.

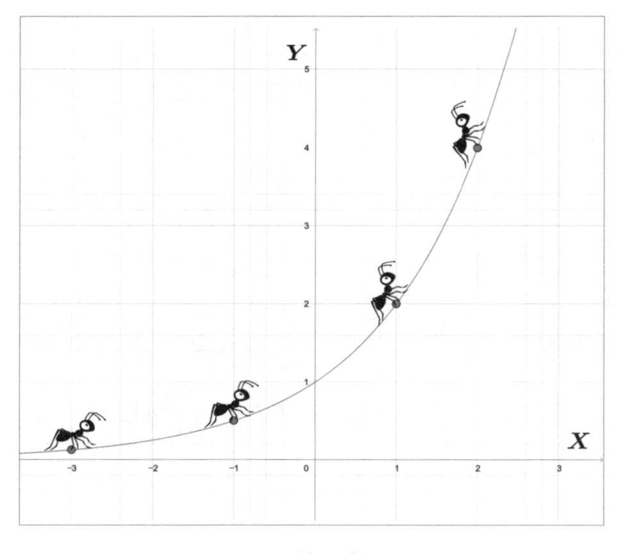

$y=2^x$의 그래프

우리의 관심사는 미분이므로 임의의 점에서 접선을 탐구해야 한다. 연필로 그래프 위에 있는 미분개미의 위치에서 접선을 그어보면 모든 접선의 기울기가 양수가 된다는 것을 어렵지 않게 확인할 수 있다.

이번에는 미분개미를 교체해 보자. 지금부터 GPS 미분개미를 다음 그림처럼 그래프 위에 올려 두고 각 점에서 미분계수에 대한 정보를 수집한다. GPS 미분개미가 계산한 미분계수 데이터를 이용하고 있는 것을 불편하게 생각할 필요는 없다. GPS 미분개미가 미분하는 원리는 나중에 충분히 다룰 것이며, 지금은 GPS 미분개미가 제공하는 미분계수 결과를 분석하여 미분의 특성을 차곡차곡 쌓아 가는 것이 중요하다.

GPS 미분개미는 다음과 같은 미분계수 정보를 곧바로 전달하고 있다. 지금부터 이 정보를 분석해 보기로 하자.

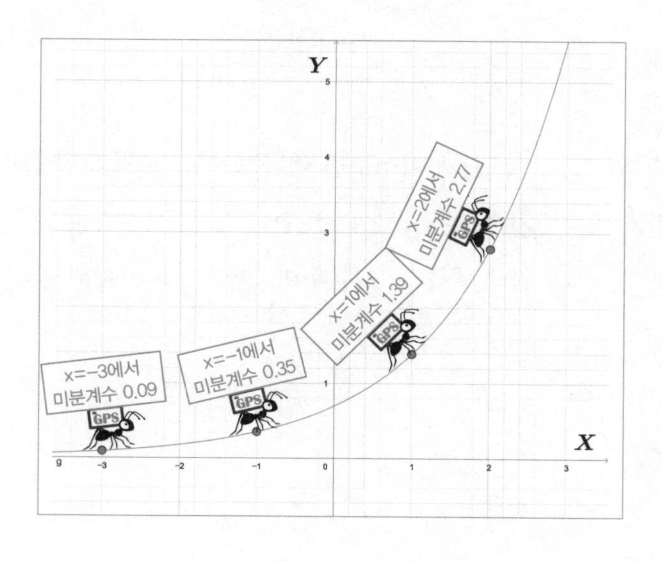

GPS 미분개미가 전달한 각 점에서 x좌표와 미분계수를 y좌표로 하는 $(x,\ y)$의 집합은 (-3, 0.09), (-1, 0.35), (1, 1.39), (2, 2.77)이고 이를 그래프로 그려보면 다음과 같다.

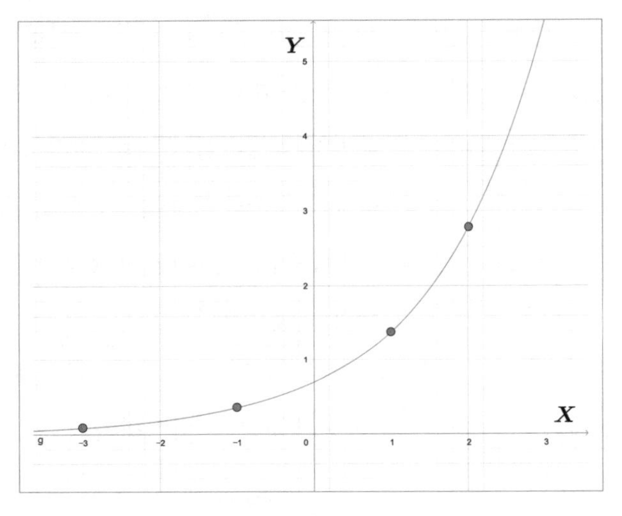

$y=2^x$의 도함수

4개의 점을 부드럽게 이어주면 대략적인 $y=2^x$의 도함수를 확인할 수 있다. 지수함수 $y=2^x$의 도함수까지 그 결과를 모두 확인했다. 이제 원래 함수와 도함수의 그래프를 비교해서 잘 살펴보자.

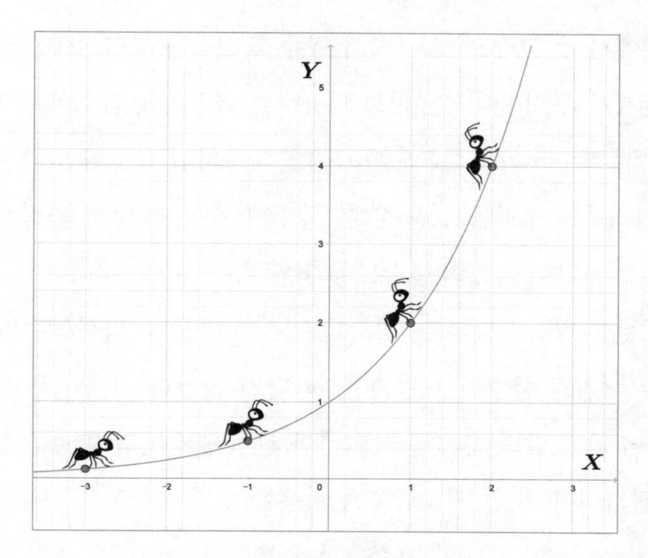

지수함수 $y=2^x$

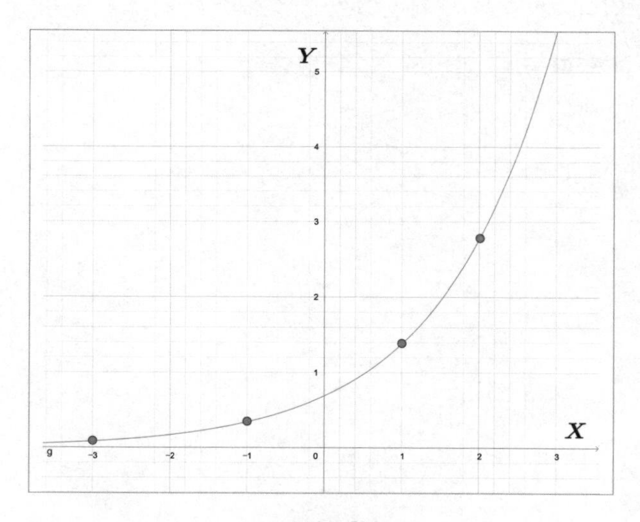

$y=2^x$의 도함수

지수함수의 도함수는 원래의 함수와 매우 비슷한 모양을 하고 있다.

위에서 두 그래프 모두 증가 함수 형태라는 것을 알 수 있다. 마찬가지로 GPS 미분개미를 이용하여 급격하게 감소하는 형태의 지수함수($0 < a < 1$일 때, $y = a^x$)를 미분하면 그것의 도함수 역시 감소하는 모양을 보일 것이다. 지수함수의 가장 큰 특징은 도함수의 모양이 원래의 함수모양과 꽤 비슷하다는 것이다.

이는 다항함수의 미분 결과와 완전히 다르다. 다항함수의 도함수는 원래 함수의 모양과 전혀 닮지 않았다. 지수함수와 그 도함수의 모양의 유사성은 미분의 관점에서 생각해 보면 특별한 결과이다. 또한 지수함수를 미분한 결과 그래프의 유사성은 도함수의 식에 원래의 지수함수가 포함될 것이라는 것을 암시하고 있다. 이 추측이 사실인지 지수함수의 미분을 수학적으로 엄밀하게 다룰 때 확인해 볼 수 있다.

화살 미분개미가 함수를 스캔하는 원리

몇 가지 함수를 대상으로 일반형 미분개미와 GPS 미분개미를 활용하여 미분을 한다는 것이 무엇인지 다양한 생각실험을 통해서 살펴보았다. 이 과정에서 미분계수와 도함수라는 새로운 수학용어를 배웠다. 이제 미분이라는 도구를 이용하여 함수를 스캔하는 원리에 대해서 생각해 보기로 한다.

함수를 스캔한다는 것이 무엇일까?

X-ray, CT, MRI 검사를 하면 몸속의 뼈, 근육, 장기의 상태를 파악할 수 있는 영상 이미지를 얻을 수 있다. 미분을 잘 활용하면 그래프 없이 함수식만 주어져 있어도 함수의 대략적인 모양을 추측할 수 있다.

어떤 복잡한 함수식이 주어졌을 때, 이 함수의 모양을 주어진 수식만으로는 도저히 예상할 수 없다고 생각해 보자. 이러한 상황에서는 어렵게라도 미분을 할 수만 있다면 미분한 결과를 토대로 주어진 함수의 모양을 추측할 수 있다. 이를 '함수를 스캔한다'고 이 책에서는 표현하기로 한다. 미분은 원래의 함수를 스캔할 수 있는 X-ray와 같은 기능에 비유하여 말할 수 있기 때문이다. 지금부터 미분을 활용하여 함수를 스캔하는 원리를 살펴보자.

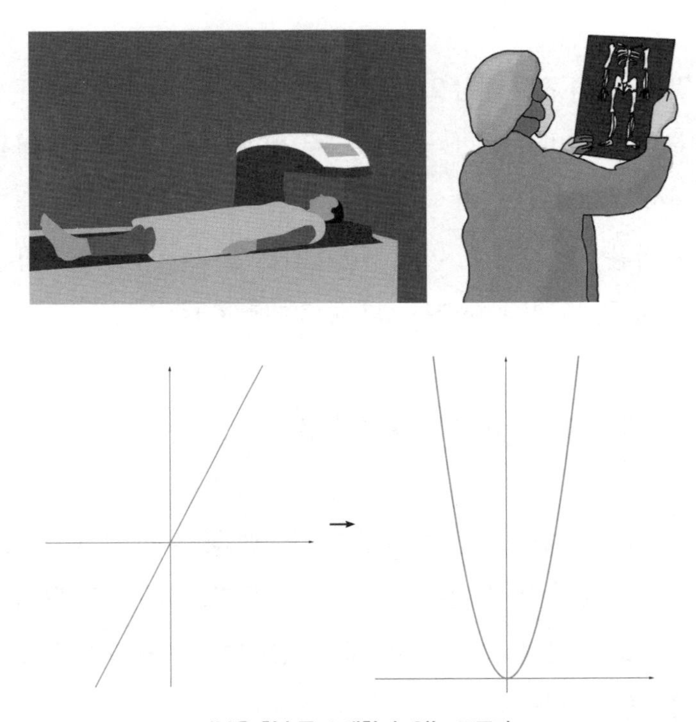

미분은 함수를 스캔할 수 있는 도구다.

함수를 스캔하는 원리를 설명하기 위해 특별한 미분개미를 활용해야 한다. 바로 화살 미분개미다. 화살 미분개미는 일반형 미분개미와 GPS 미분개미와는 다른 특성이 있다.

화살 미분개미를 이용한 생각실험

화살 미분개미는 함수 위에 있는 현재 위치에서 접선의 기울기를 화살표를 통해서 시각적으로 보여주는 기능이 있다.

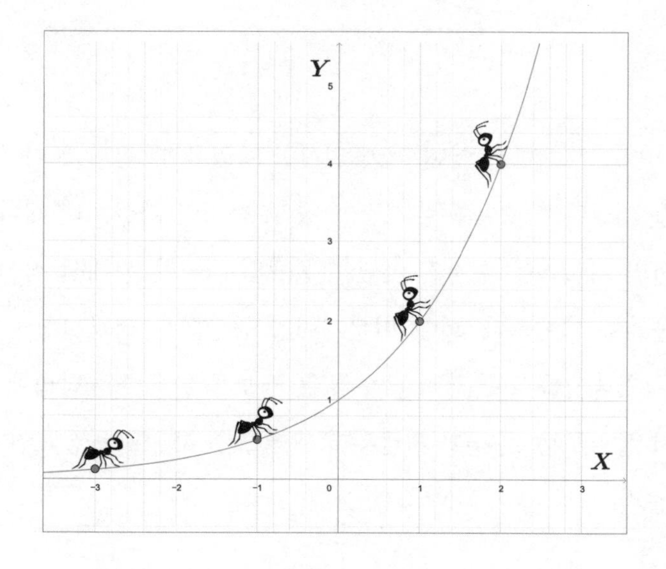

어떤 함수 위에 화살 미분개미가 위치하고 있을 때 화살 미분개미는 다음과 같이 해당 점에 접하는 접선 방향을 표시하는 화살표 모양을 남기면서 함수를 스캔할 수 있게 도와준다. 이것이 화살 미분개미의 특성이다.

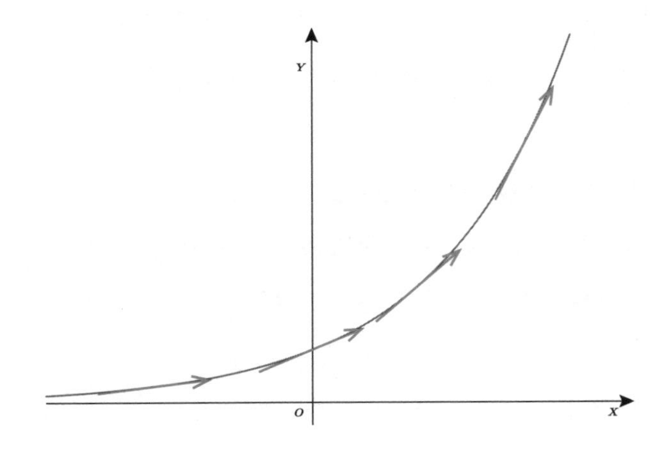

GPS 미분개미는 어떤 점에 위치하고 있을 때 곧바로 미분계수를 계산하여 보여주는 기능이 있다. 하지만 화살 미분개미는 접선의 기울기를 수치가 아닌 화살표의 각도를 통해서 접선의 기울기를 보여준다. 화살 미분개미가 등장하는 생각실험의 핵심은 기울기를 대략 짐작할 수 있는 정보를 활용하는 방법에 대해서 살펴보는 것이다. 지금부터 그래프는 지우고 화살표만 남겨 보자.

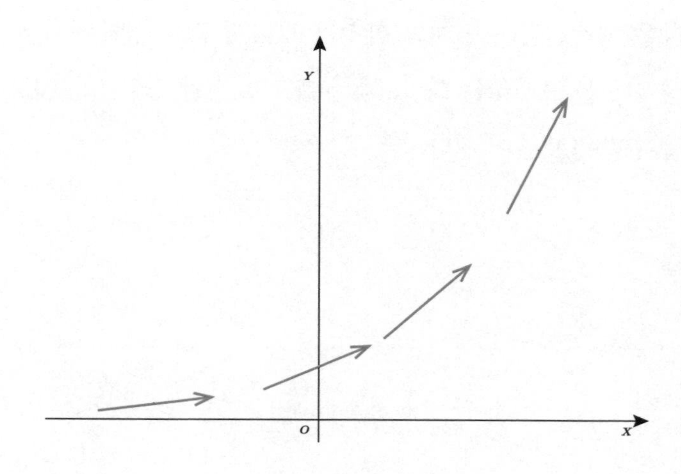

이제 생각실험을 해보자. 위 화살표는 어떤 함수 위에 있는 점에 접하는 접선의 방향을 표시한 것이라고 하자. 이 정보만으로 원래 함수의 모양을 유추할 수 있을까? 이 실험은 화살표 방향을 따라 스케치만 할 수 있다면 원래의 함수 모양을 쉽게 유추할 수 있다.

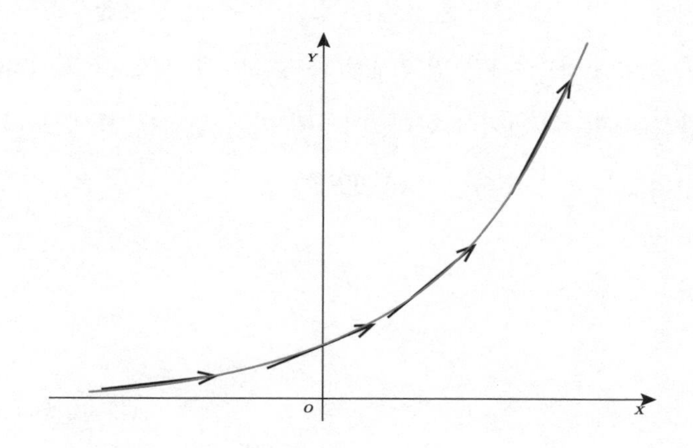

다음 생각실험은 원래의 함수가 보이지 않는 상태에서 해당 점의 접선을 표시하는 화살표를 x축으로 정렬시켜 보는 것으로 다음과 같은 모습이 된다.

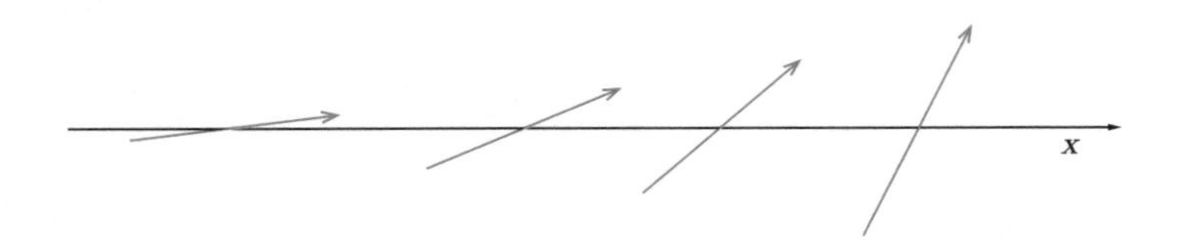

핵심 생각실험은 지금부터다. 위 화살표 정보만 주어진 상태에서 원래의 함수 모양을 예측할 수 있을까? 화살표가 해당 x좌표에서 함수에 접하는 접선의 기울기를 나타낸다는 것을 다시 한번 떠올려 보자. x값이 오른쪽 방향 즉, x값이 커질수록 화살표의 기울기는 더 커지는 경향을 보인다.

이것이 미분과 관련된 유일한 정보이다. 이 정보만으로도 원래의 함수모양이 해당 영역에서 증가하는 형태가 될 것이라는 것을 유추할 수 있어야 한다. 이것이 미분 결과를 통해서 원래 함수의 모양을 유추하는 기본 개념이다.

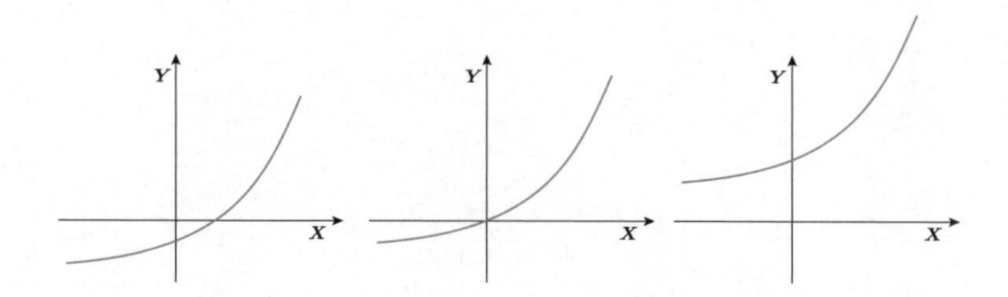

x축에 정렬된 접선의 기울기를 표현한 화살표 정보만으로는 원래의 함수 모양만을 유추할 수 있을 뿐 그래프가 어떤 위치에 있는지는 결코 알 수 없다. 그러므로 주어진 정보만 가지고 생각하면 위와 같이 다양한 상황이 될 수도 있다. 하지만 그 모양은 증가하는 형태인 것을 확인할 수 있다.

화살 미분개미를 이용한 생각실험의 결과

지금까지의 생각실험 결과는 접선의 기울기를 나타내는 화살표 정보만 주어지더라도 미분 개념을 이해하고 있다면 원래 함수의 그래프 개형을 추측할 수 있음을 알려준다.

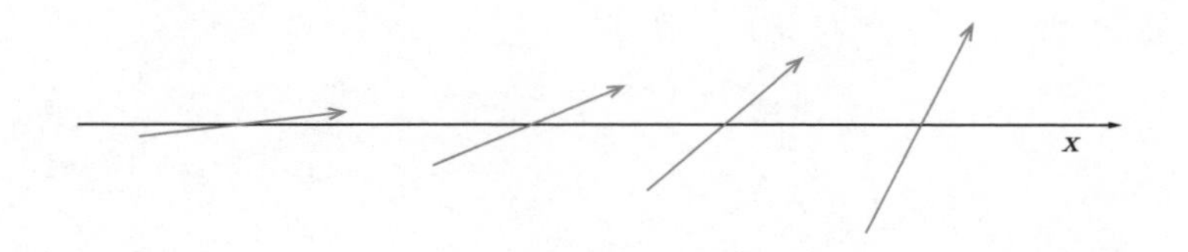

접선의 기울기 정보를 확인하여

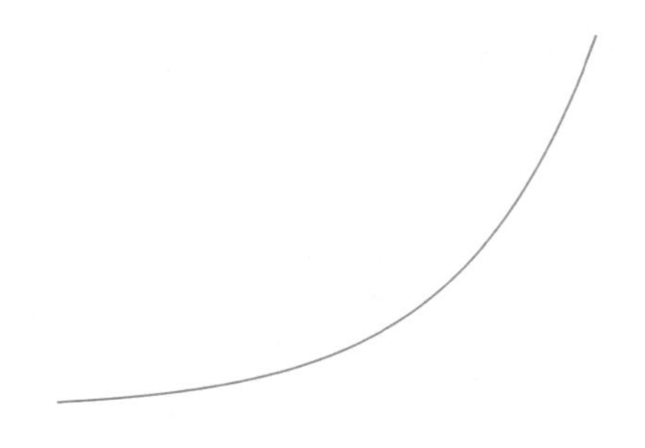

함수의 모양을 추측할 수 있다.

이것이 미분이라는 도구를 이용하여 함수를 스캔하는 기본 원리다.

다항함수를 스캔하기

접선의 기울기를 표현하고 있는 화살표 정보를 보고 원래의 함수 모양을 추측하는 연습을 몇 가지 더 해보기로 하자.

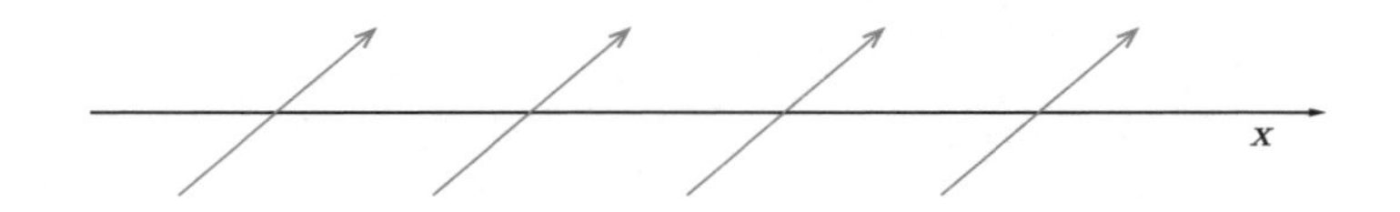

x값이 커지더라도 접선의 기울기는 일정하다. 이것이 위 그림이 전달하는 미분 정보이다. 접선의 기울기는 화살표 각도를

가진 어떤 양수 값을 가지고 있고 그 값은 일정하다. 이는 직선임을 설명한다.

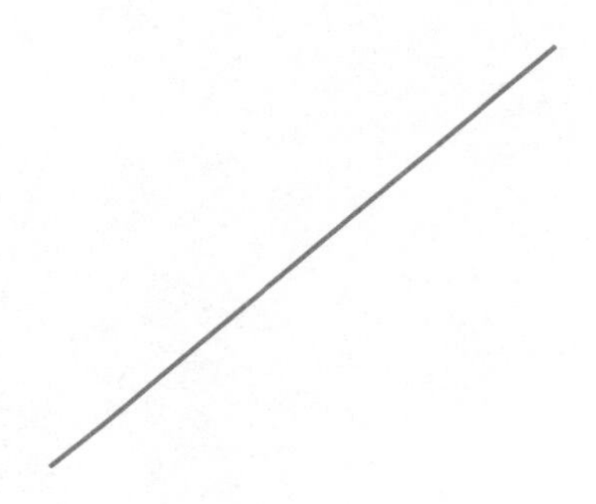

접선의 정보를 이용하여 찾고자 하는 함수의 모양은 위와 같이 기울기가 양수인 직선이라는 것을 추측할 수 있다. 다음 그림에서 접선을 표현한 화살표 정보를 살펴보자.

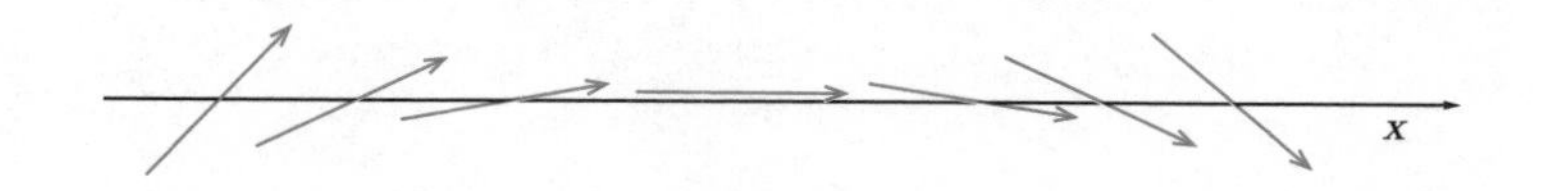

위 정보를 미분의 언어로 설명하면, 어떤 함수는 x값이 커짐에 따라 접선의 기울기가 어떤 양수 값에서 시작하여 점점 줄어들다가 중간 부분에서 0이 되고 이후 음수로 바뀐다. 이는 다음과 같은 모양의 함수임을 충분히 스캔해 낼 수 있다.

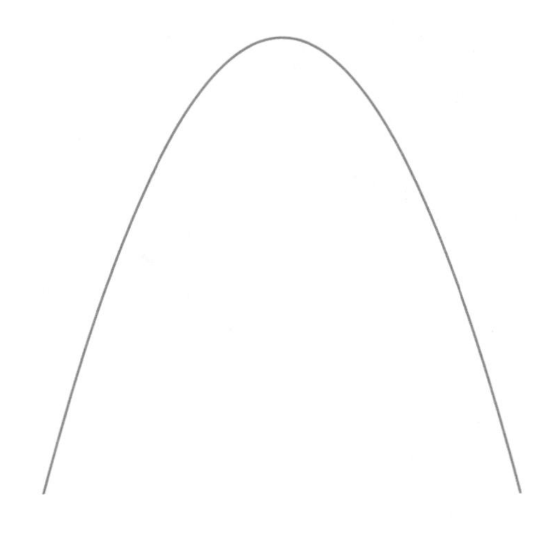

몇 개의 접선 정보를 가지고 대략적인 모양이 위와 같다는 것을 스캔할 수 있다.

극대와 극소의 개념

미분 정보로 원래 함수의 그래프를 추측하고 접선의 기울기를 표시하는 화살표를 미분계수의 부호로 생각해 보자.

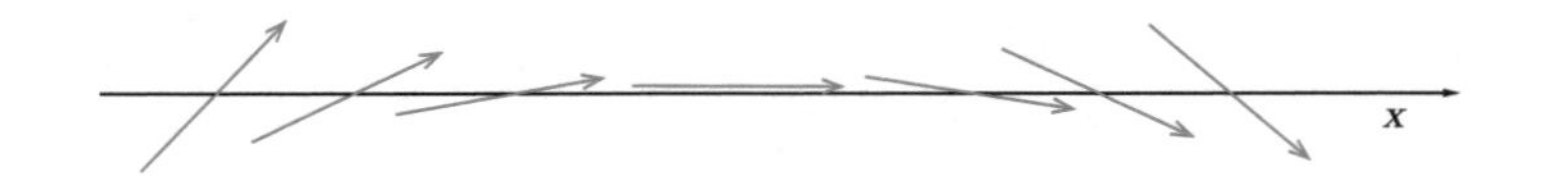

그림의 왼쪽 처음부터 세 번째까지 미분계수의 부호는 모두 양수이다. 그리고 미분계수가 0인 부분을 지나서 마지막 세 개

의 점에서 미분계수는 음수이다.

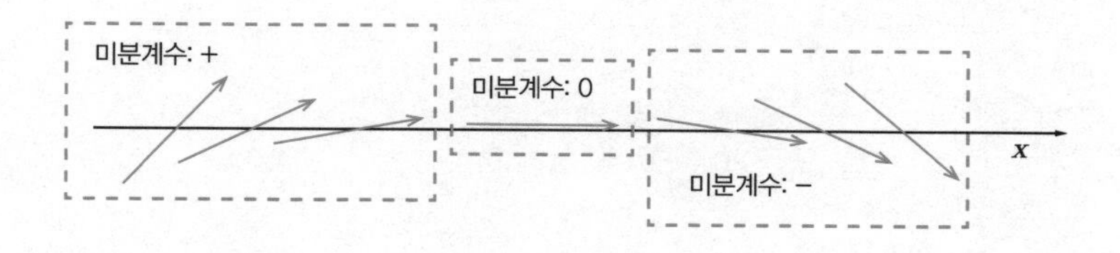

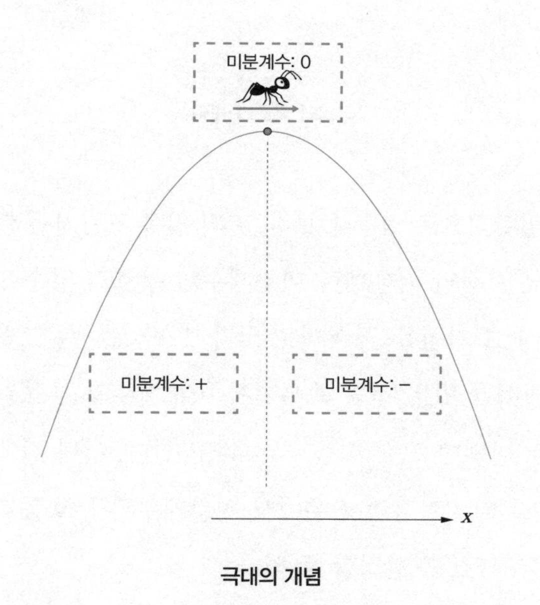

극대의 개념

그림에서와 같이 미분계수가 양수인 부분, 미분계수가 0인 부분, 미분계수가 음수인 부분으로 좀 더 단순화시킬 수 있다. 미분계수가 0이 되는 점의 왼쪽 영역에서 미분계수는 양수이며, 오른쪽 영역에서 미분계수의 부호는 음수이다. 이러한 경우에 미분계수가 0인 지점을 '극대'라고 부른다.

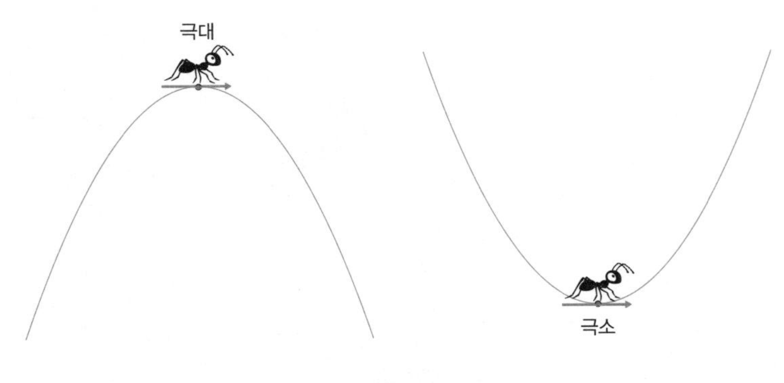

극대와 극소의 개념

좀 더 일반적으로 정리해 보자. 위의 왼쪽 그림처럼 화살 미분개미가 있는 점의 좌우에서 미분계수의 부호가 양수에서 음수로 바뀔 때 그 지점을 '극대'라고 한다. 또한 오른쪽 그림에서 화살 미분개미가 있는 점의 좌우에서 미분계수의 부호는 음수에서 양수로 바뀌며 그 지점을 '극소'라고 한다. 어떤 점에서 미분계수가 0일 때, 그 점의 좌우에서 미분계수의 부호를 파악하여 '극대' 혹은 '극소'를 판정할 수 있다.

주의할 점은 미분계수가 0이라는 것만 확인하고 곧바로 극대나 극소를 판정하는 것은 위험하다. 함수 $y=x^3$에서 $x=0$에서 미분계수가 0 임을 알고 있다. 하지만 원점(0, 0)은 극대 혹은 극소라고 말할 수 없다. 왜냐하면 $y=x^3$를 미분하면 $y'=3x^2$이며 원점의 좌우에서 미분계수의 부호는 모두 양수이기 때문이다.

그러므로 미분계수가 0인 부분을 우선 정확히 찾아내고 그 좌우에서 미분계수의 부호를 살펴보는 것이 함수를 스캔하는 핵심이다.

미분의 개념을 활용하여 함수를 스캔하면 그래프의 개형을 유추할 수 있고 이 과정에서 '극대' 혹은 '극소'를 가지고 있는지 판단할 수 있다.

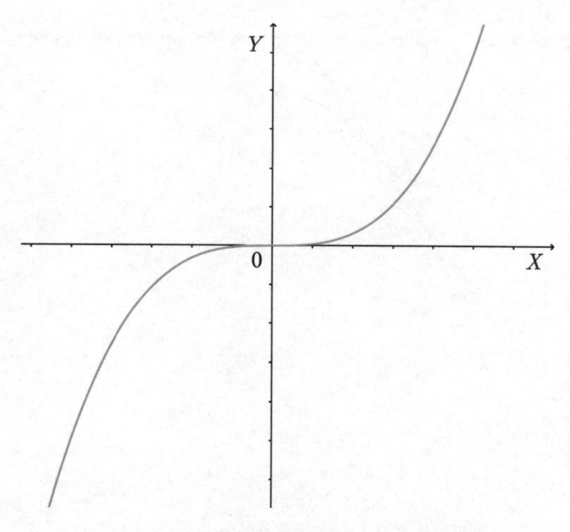

$y = x^3$ 그래프 위의 원점은 극대, 극소와 관계없다.

미분 미술관 작품 1

지금까지 설명한 미분에 대한 개념을 잘 떠올리면서 미분미술관에 전시된 작품을 살펴보기로 하자. 전시된 첫 번째 작품은 가장 특별하고도 중요한 작품이라고 말하고 싶다.

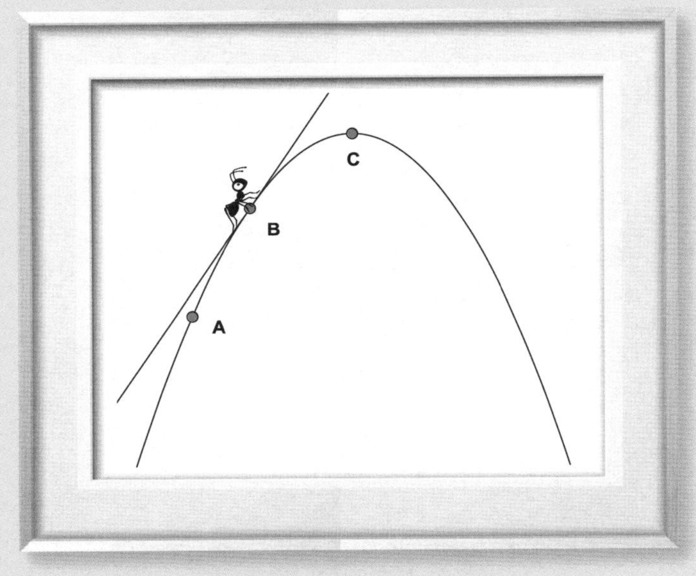

미분은 개미가 느끼는 그래프의 경사다.

〈작품해설〉

위 작품은 미분을 설명하는 매우 강력한 이미지이며, 지금까지 논의된 모든 부분을 함축하고 있다. 개미가 기어가고 있는 산의 모양이 바로 미분의 대상인 함수를 나타내고 있으며, 미분개미가 현재 위치하고 있는 점에서 느끼는 산의 경사가 바로 해당 점에서 접선의 기울기를 의미한다.

어떤 점에서 접선의 기울기를 '미분계수'라고 부른다. 모든 점에서 미분계수를 계산한 결과를 그래프에 표현한 것을 주어진 함수의 '도함수'라고 부르며, 도함수를 찾는 과정이 바로 '미분'이라는 것을 이해할 수 있다.

작품 위에 있는 일반 미분개미 대신 다른 종류의 미분개미를 올려두는 것을 작품 속에서 상상해 볼 수 있다. GPS 미분개미를 올려둔다면 구체적으로 미분계수 정보를 얻을 수 있을 것이다.

실제로 이를 활용하여 몇 가지 다항함수의 미분 특성을 살펴보았다. 만약 화살 미분개미를 올려둔다면 함수를 스캔할 것이고 그 이미지가 떠오를 것이다.

Part 3

개미가 극한 상황을 벗어나는 방법

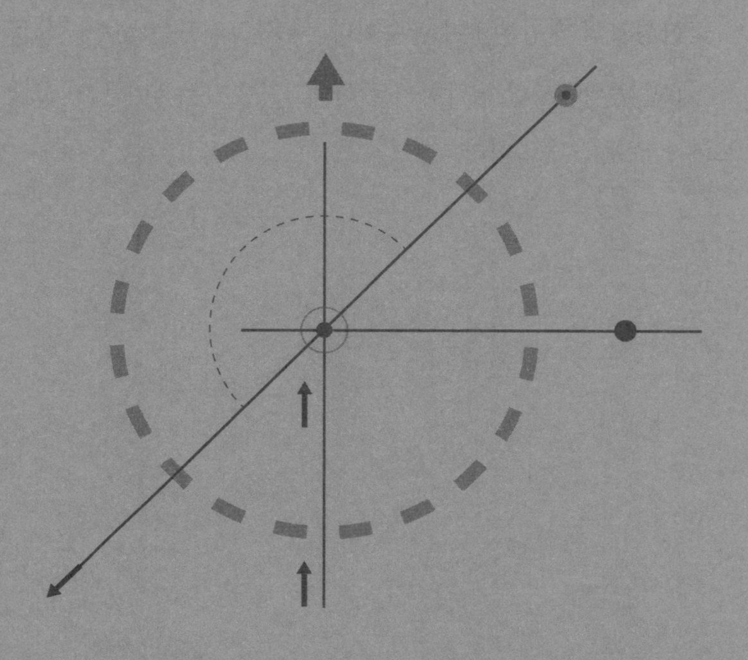

궁지에 몰린 미분개미

지금부터 다루는 생각실험은 미분을 수학적으로 정확하게 계산하는 아이디어와 관련되어 있다. 이 아이디어는 미분개미를 두 가지 극한 상황에 두는 것으로부터 시작된다. 미분개미가 처하게 되는 극한상황이란 무엇일까?

극한상황의 배경은 분수함수이다. 다음 그래프는 $y=\frac{1}{x}$ 으로 $x>0$인 범위에서만 생각하기로 하며, GPS 미분개미를 이 그래프에 올려두었다고 하자.

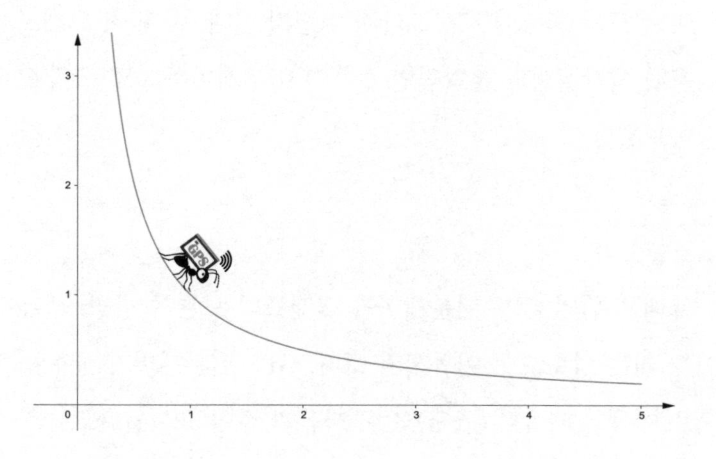

그래프 위의 모든 점에서 미분개미가 느끼는 경사는 음수라는 것을 유추해 볼 수 있다. 즉, 모든 점에서 접선의 기울기 값을 정확히 알 수는 없지만, 그 부호가 음수라는 것만은 확실해 보인다. 이를 검증해 보기 위해서는 몇 개의 접선을 그어보면 알 수 있다.

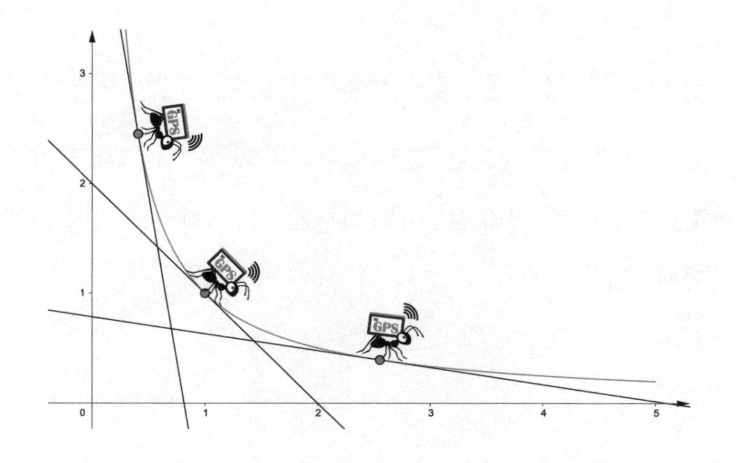

이 정도의 생각실험은 그다지 어렵지 않다. 이제 이 그래프를 이용한 생각실험의 본격적인 주제인 미분개미를 '극한상황'으로 몰아보겠다.

극한실험 1

그래프 위의 GPS 미분개미를 그래프의 오른쪽 방향, 즉 x값이 커지는 방향으로 이동시켜 보자. GPS 미분개미가 x축 방향으로 이동할 때마다 (x, y) 값은 다음과 같이 표시된다.

x	y
1	1
2	0.5
10	0.1
1000	0.001
10000	0.0001

첫 번째 극한실험은 x값이 한없이 커질 때, y값이 어떻게 될지를 생각해 보는 것이다. GPS 미분개미를 $y=\frac{1}{x}$ 그래프 양의 방향으로 무한히 멀리 보낼 때, 미분개미의 y좌표는 어떤 값에 가까워질까?

미분개미를 무한대로 멀리 보내 보자.

그래프 위의 GPS 미분개미가 표시할 y값은 분명히 0에 가까워질 것이다. 이때 '극한값이 0이다'라고 말한다. 이 상황을 수학적으로 표현하면 다음과 같다.

$$\lim_{x \to \infty} \frac{1}{x} = 0$$

위의 식을 살펴보면 우선, 미분개미가 움직이는 $\frac{1}{x}$이라는 함수식의 왼쪽에 처음 보는 'lim'이라는 생소한 표현이 있다. lim은 '리미트'라고 읽으며 영어 'limit'에서 따온 수학기호이다. 'limit'는 '한계, 극한'이라는 의미이다. 즉, 어떤 식의 왼쪽에 lim 기호가 보이면 그 식의 극한을 다루고 있다는 것을 말한다. $\lim \frac{1}{x}$ 는 $\frac{1}{x}$이라는 식의 극한을 다루고 있음을 표현한다.

다음으로 살펴볼 것은 lim 아래에 쓰인 $x \to \infty$이다. '∞' 기호는 무한히 커지는 상태를 표현하며 '무한대'라고 읽는다. 무한대 기호 '∞'는 어떤 값이 무한히 커지는 상태를 표현할 뿐 결코 특정한 값이 아니다. 이 개념은 매우 중요하다. $x \to \infty$ 부분은 'x가 무한대로 갈 때'로 읽으면 된다. 이 표현을 해석하면 "x값을 '무한대'로 한없이 보내는 상태"를 나타낸다.

이처럼 등호가 아닌 화살표로 표현할 경우에는 어떤 값으로 한없이 다가간다는 의미를 가진다. '$x = \infty$'로 표현하지 않고 '$x \to \infty$' 형태로 반드시 화살표를 사용하고 있음에 유의하자.

마지막으로 lim가 포함된 식에 있는 '등호'에 대해서 살펴보자. 보통 A=0과 같은 등식은 'A 값이 0이다'라는 뜻이다. 하지만 lim가 포함된 식에서 등호는 결코 확정적인 값을 의미하지 않는다. '(lim 식) = (어떤값)'의 의미는 lim 식이 어떤 값으로 한없이 다가가는 상태를 표현하며, 그 '어떤 값'을 '극한값'이라고 부른다. 이 표기법에 대한 약속을 정확하게 지키는 것이 매우 중요하다. 다음 표기법은 모두 잘못된 극한식의 표현이다.

$$\lim_{x=\infty} \frac{1}{x} = 0 \quad (\times)$$

$$\lim_{x\to\infty} \frac{1}{x} \approx 0 \quad (\times)$$

극한식의 조건에는 등호가 아닌 화살표를 사용하고, 극한값을 표현할 때 등호를 사용한다.

$$\lim_{x \to \infty} \frac{1}{x} = 0 \quad (\bigcirc)$$

〈해석〉

x값이 한없이 커질 때, $\frac{1}{x}$은 0에 가까워진다. 즉, 극한값은 0이다.

극한실험 2

미분개미를 또 다른 극한상황에 노출시키려고 한다. GPS 미분개미를 그래프의 왼쪽 방향, 즉 x값이 0에 한없이 가까이 다가가는 방향으로 서서히 이동시켜 보자. 이때, y값은 어떻게 바뀔까?

x	y
1	1
0.5	2
0.1	10
0.001	1000
0.0001	10000

같은 방식으로 그래프 위에 GPS 미분개미를 올려두고 상상해 보자.

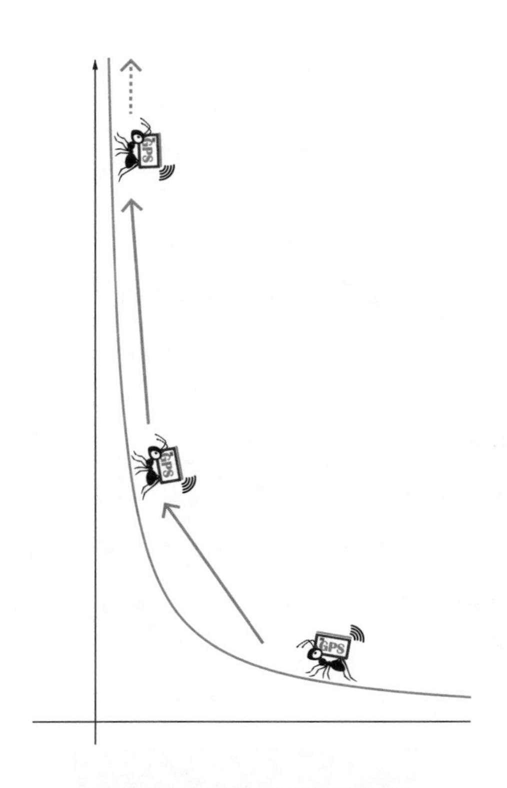

미분개미를 왼쪽으로 끝없이 보내보자.

미분개미가 왼쪽으로 이동할수록 즉, 0에 한없이 가까워질수록, 미분개미는 그래프 위를 따라 절벽을 오르는 느낌을 받을 것이다. 그리고 GPS 미분개미의 y좌표값은 한없이 커질 것이다.

즉 '무한대'가 된다. 이를 조금 전에 배운 lim, 무한대 기호를 이용하여 표현해 보면 다음과 같다.

$$\lim_{x \to 0} \frac{1}{x} = \infty$$

만능키를 찾아라

미분의 핵심 아이디어

GPS 미분개미는 어떻게 미분을 할 수 있었던 것일까? GPS미분개미가 미분을 수행할 수 있었던 구체적인 원리를 앞서 배운 극한개념을 이용하여 수식으로 표현해 보자.

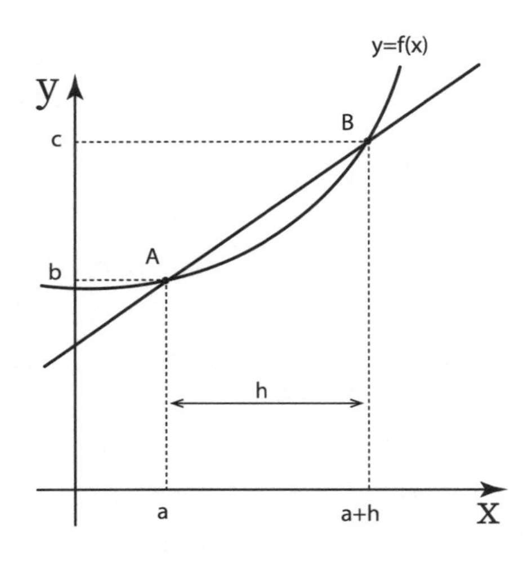

미분의 핵심 아이디어

어떤 곡선 $y=f(x)$가 있고 특정한 점 A(a, b)에서 미분계수를 정확하게 계산하기 위해서는 특별한 아이디어가 필요하다. 우선, 점 A에서 x방향으로 h만큼 떨어져 있는 점 B($a+h$, c)를 생각해 보자.

그림에서 두 점 A와 B를 지나는 직선의 기울기는 $\frac{c-b}{(a+h)-a}=\frac{c-b}{h}$ 이다. 여기서 $b=f(a)$, $c=f(a+h)$이므로 이를 대입하면 $\frac{f(a+h)-f(a)}{h}$의 결과를 얻는다.

이 직선의 기울기는 점 A에서 점 B까지 변화율을 표현하며 이를 '평균변화율'이라고 한다. 하지만 이 직선은 결코 점 A의 접선이 아니다. 우리는 점 A에서 접선의 기울기를 구하려고 한다. h값을 좀 더 작은 값으로 취하면 다음과 같은 상황이 된다.

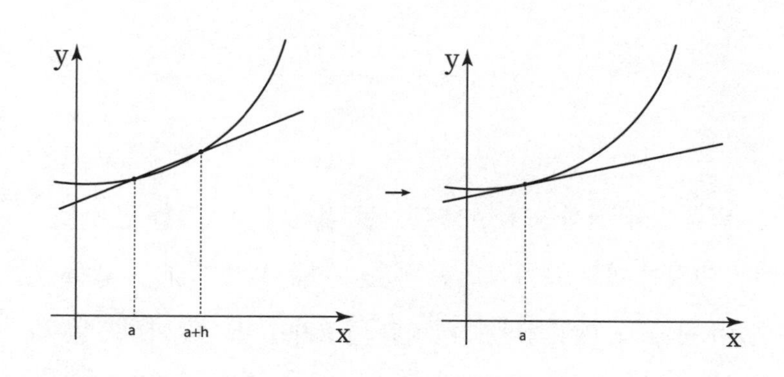

미분을 하기 위해서 h값을 0으로 만든다.

왼쪽 그림에서 h값을 더 작게 취할수록 점 A의 접선 모양에 근접한다. 만약 좀 더 작은 h값을 택하여 점 B를 택하고 점 A와 점 B를 연결한 직선을 생각하면 실제 접선에 조금 더 가까워질 것이다.

하지만 이때 직선의 기울기 역시 여전히 평균변화율이다. h값을 극단적으로 작게 만드는 과정을 끊임없이 반복할 경우 즉, h값이 0에 한없이 가까워지게 되면 B 점은 A 점에 한없이 가까이 다가가게 될 것이다(오른쪽 그림). 이때에도 여전히 직선 AB를 생각할 수 있는데 이 직선이 바로 접선의 수학적 개념이다. 그리고 우리는 이미 어떤 값을 한없이 가깝게 보내는 수학적 방법을 알고 있다. 앞서 다룬 극한개념이 바로 그것이다. h값이 0에 한없이 가까이 다가가는 상태에서 기울기 $\frac{f(a+h)-f(a)}{h}$ 값은 결국 아래와 같이 표현할 수 있다.

$$\lim_{h \to 0} \frac{f(a+h)-f(a)}{h}$$

위 식을 계산하면 점 A를 지나는 접선의 기울기를 얻을 것이다. 이것이 바로 수학적으로 미분을 하는 방법이다. h 값을 한없이 작게 즉, 0에 가깝게, 하지만 결코 0이 아닌 무한히 작은 값으로 만들어서 계산한 값은 실제 접선의 기울기로 수렴(일정한 값에 한없이 가까워지는 것)한다.

미분만능키

임의의 점 x에 대하여 미분을 한다는 것은 도함수를 구하는 것이고 앞서 정리된 식에서 a 대신 x를 대입하면 된다.

$$f(x)\text{의 도함수} = \lim_{h \to 0} \frac{f(x+h) - f(x)}{h}$$

미분 이야기에서 가장 중요한 핵심도구를 비로소 얻게 되었다. 이 식을 미분의 '만능키'라고 부르겠다. 미분공부는 만능키의 이해와 활용이 모든 것이라고 할 만큼 중요하다.

미분 미술관 작품 2

미분의 원리를 설명한 첫 번째 작품과 달리 다음 작품은 추상화에 가깝다. 앞서 언급하였지만, 미분의 모든 것을 포함하는 매우 중요한 작품이다. 천천히 감상하며 자신의 것으로 만들어 보자.

$$f'(x) = \lim_{h \to 0} \frac{f(x+h) - f(x)}{h}$$

미분의 만능키

〈작품해설〉

도함수의 정의가 미분의 만능키라는 이름으로 미술관에 전시되어 있다. 이 작품을 감상하는 세 가지 포인트를 소개하겠다.

첫째, $f'(x)$란 무엇일까? 어떤 함수 $f(x)$를 미분한 함수, 즉 도함수를 $f'(x)$로 표현하며 '에프 프라임 엑스'라고 읽는다. 이처럼 프라임기호가 보이면 함수의 미분을 나타내고 있다는 것을 반드시 이해해야 한다. 도함수를 표현하는 또 다른 방식은 $\frac{dy}{dx}$와 같은 표기법이다. '디와이 디엑스'라고 읽는데, 이 표기법은 라이프니치가 고안한 방법으로 'y를 x에 대해서 미분한다'는 것을 보다 엄밀하게 표현한 것이다. $y=x^2$이라는 함수에서 y를 x에 대해서 미분하면 $y'=2x$가 된다. 이를 라이프니치가 고안한 표기법을 사용하면 $y'=\frac{d}{dx}x^2=2x$ 이다. 그러므로 위 작품을 다음과 같이 표현할 수 있다.

$y=f(x)$의 도함수

$$f'(x) = \frac{dy}{dx} = \lim_{h \to 0} \frac{f(x+h)-f(x)}{h}$$

둘째, 극한의 대상은 직선의 기울기를 나타낸다는 것이다. 분모가 h인데, 실제로는 x의 변화량인 $(x+h)-(x)$을 의미한다. 그러므로 위 작품을 보면서 다음 식을 떠올릴 수 있어야 한다.

$$f'(x) = \lim_{h \to 0} \frac{f(x+h)-f(x)}{(x+h)-(x)}$$

셋째, 극한의 개념이 이 식을 지배하고 있다는 것이다. 미분의 정의를 표현한 식에서 h 값을 0으로 보낸다는 의미는 매우 작은 x의 변화량에 대한 y의 변화량으로 직선의 기울기를 의미하며 이는 곧 접선의 기울기이다. 이 식을 충분히 감상했다면 접선의 기울기 이미지를 떠올릴 수 있어야 한다.

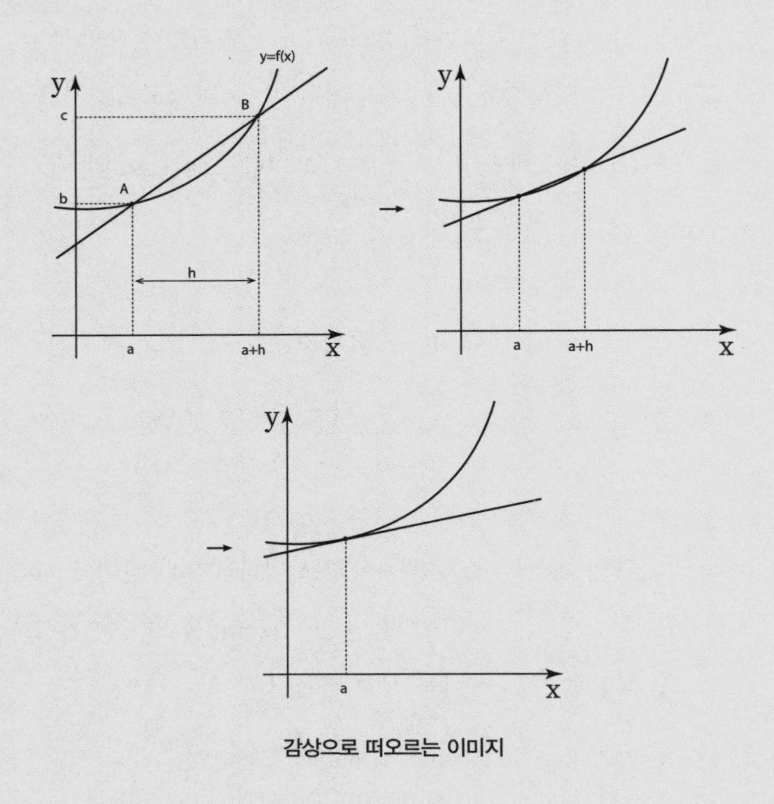

감상으로 떠오르는 이미지

미분 만능키 사용법

GPS 미분개미의 도움을 받지 않더라도 미분할 수 있는 수학 도구를 드디어 얻었다. 만약 미분이라는 게임이 있다면 만능키를 발견한 것은 가장 강력한 아이템을 획득한 상황이라고 할 수 있다. 만능키를 아직 발견하지 못했거나 그 사용 방법을 제대로 모르는 플레이어들은 게임의 승자가 절대로 될 수 없을 것이다.

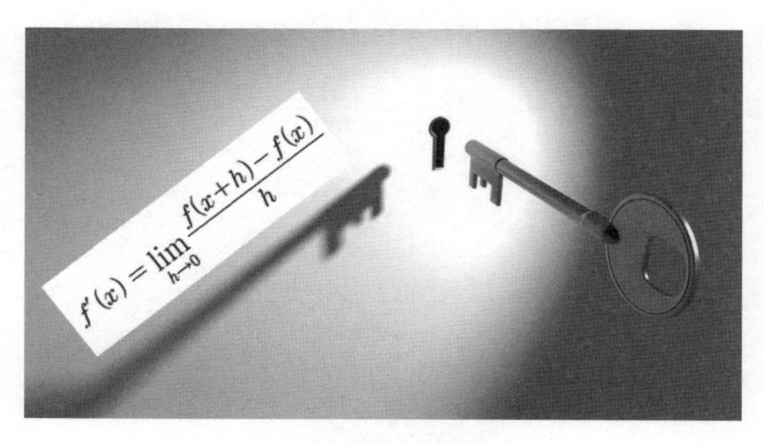

만능키는 미분탐구의 핵심이다.

이제 미분 만능키를 어떻게 사용하는지 즉, 만능키 돌리는 법에 대해 이야기하려고 한다.

만능키를 이용한 이차함수의 미분

미분만능키를 이차함수 $f(x)=x^2$에 적용시키는 방법을 한 편의 시로 표현해 볼 수 있다.

〈$f(x)=x^2$의 미분법〉

미분 이야기

어떤 함수를 미분하려면

만능키를 이용하면 된다.

$$f'(x)=\lim_{h\to 0}\frac{f(x+h)-f(x)}{h}$$ 이므로

미분하고자 하는 함수 $f(x)=x^2$를 대입하면

$$f'(x)=\lim_{h\to 0}\frac{(x+h)^2-x^2}{h}$$ 이다.

극한식을 정리하면

$$\lim_{h\to 0}\frac{(x^2+2hx+h^2-x^2)}{h}$$

$$= \lim_{h \to 0} \frac{(2hx + h^2)}{h} = \lim_{h \to 0}(2x + h) = 2x$$

x^2을 x에 대해서 미분하니 $2x$가 되는구나!

도함수를 구했다는 것은 내가 관심 있는 함수의 임의의 점에서 접선의 기울기를 계산할 수 있다는 것을 의미한다. 앞서 살펴본 $f(x)=x^2$와 그 도함수 $f'(x)=2x$의 변수는 오로지 x값이다. 만약 $x=1$이라는 값을 선택했다면 이에 해당하는 $f(x)$값, 즉 함숫값은 $1^2=1$이며 점(1, 1)에서 미분계수는 $2\times1=2$로 계산된다. 곡선 위의 임의의 점에서 접선의 기울기를 이렇게 쉽고 정확하게 계산할 수 있다는 것은 사실 기적 같은 일이다. 뉴턴과 라이프니츠의 미분에 대한 아이디어는 그야말로 혁명적인 사고방식이다.

미분만능키 사용법

다음 세 단계를 거치면 함수를 미분할 수 있다.

1단계 : 만능키를 적는다.

2단계 : 미분 대상인 함수를 정확하게 만능키에 대입한다.

3단계 : 만능키를 돌린다. 즉, 극한식을 정리하여 계산한다.

만능키를 이용한 미분 과정은 위와 같이 단순해 보인다. 하지만 미분하고자 하는 함수의 종류에 따라 간단하거나 혹은 매우 복잡해질 수 있다.

n차 다항함수의 미분

일반적인 n차 다항함수의 미분은 만능키를 돌리는 과정이 좀 더 복잡한 경우인데, 미분만능키 사용법에 따라서 미분해 보자.

$f(x)=x^n$일 때, $f'(x)=\lim_{h\to 0}\frac{(x+h)^n-x^n}{h}$

여기서 만능키를 돌리려면 극한식의 분자 $(x+h)^n-x^n$를 인수분해 할 수 있어야 한다. 다항함수의 미분문제가 인수분해 문제로 바뀌게 된 순간이다. 다음의 인수분해 공식을 살펴보자.

$$a^2-b^2=(a-b)(a+b)$$
$$a^3-b^3=(a-b)(a^2+ab+b^2)$$
$$a^4-b^4=(a-b)(a^3+a^2b+ab^2+b^3)$$

차수가 커짐에 따른 인수분해 공식의 규칙이 보인다. 일반적인 상황에서 아래 인수분해 공식을 유추할 수 있다.

$$a^n - b^n = (a-b)(a^{n-1} + a^{n-2}b + a^{n-3}b^2 + \cdots$$
$$+ a^2b^{n-3} + ab^{n-2} + b^{n-1})$$

위 식을 이용하여 $(x+h)^n - x^n$을 인수분해하면,

$$(x+h)^n - x^n$$
$$= \{(x+h)-x\}\{(x+h)^{n-1} + (x+h)^{n-2}x + \cdots + (x+h)x^{n-2} + x^{n-1}\}$$
$$= h\{(x+h)^{n-1} + (x+h)^{n-2}x + \cdots + (x+h)x^{n-2} + x^{n-1}\}$$

위 인수분해 결과를 활용하면 만능키를 정확히 돌릴 수 있다.

$$\lim_{h \to 0} \frac{(x+h)^n - x^n}{h}$$

$$= \lim_{h \to 0} \frac{h\{(x+h)^{n-1} + (x+h)^{n-2}x + \cdots + (x+h)x^{n-2} + x^{n-1}\}}{h}$$

h는 0이 아니므로 약분 가능하고, h를 0으로 보내는 리미트 연산을 수행하면 다음과 같이 정리된다.

$$f'(x) = \{x^{n-1} + x^{n-1} + \cdots + x^{n-1} + x^{n-1}\} = nx^{n-1}$$

위 결과를 요약하면 다음과 같다.

x^n을 x에 대해서 미분하면 nx^{n-1}이다.

미분을 여러 번 할 수 있을까?

도함수를 다시 미분하는 것, 즉, 도함수의 도함수도 생각해 볼 수 있다. $f(x)$를 미분하면 $f'(x)$로 나타낸다. 같은 방법으로 $f'(x)$를 다시 미분할 수도 있는데 이때 $f''(x)$로 표현한다. $f''(x)$는 '에프 더블프라임 엑스'라고 읽고 이계도함수라고 한다. 도함수는 어떤 함수를 한 번 미분한 것이고, 이계도함수는 도함수를 다시 한 번 더 미분한 것이다.

$f(x)=x^2$을 한 번 미분하면 $f'(x)=2x$
$f'(x)=2x$를 한 번 더 미분하면 $f''(x)=2$

물론 $f''(x)=2$에서 한 번 더 미분할 수 있으며 이때, $f'''(x)=0$가 된다. 필요에 따라 미분을 여러 번 계속 할 수 있다. 미분을 여러 번 하는 상황을 가장 재미있게 살펴볼 수 있는 것은 다음에서 소개하는 미분귀신 이야기일 것이다.

미분귀신 이야기

옛날에 아주 아름답고 평온한 마을이 있었다.
그 마을의 이름은 자연수마을.
그런데 어느 날, 마을에 미분귀신이 나타났다.
미분 귀신은 마을 사람들을 하나씩 미분시켜서
모조리 0으로 만들어 죽였다.
마을은 점점 황폐해가고 이를 보다 못한 촌장과 동네 사람들이
반상회를 개최했다.
몇 시간의 토론 끝에 이웃에 있는 다항식마을에
구원을 요청하기로 했다.
이웃마을의 소식을 들은 마을에서는 x^2 장군을
자연수 마을에 급파했다.
전투 시에 수시로 자신의 모습을 바꾸는 x^2 장군 앞에서
잠시 당황한 미분귀신…
그러나 미분귀신은 잠시 생각하더니 3번의 미분을 통해서
간단히 해치우고 말았다.
그러자 다항식 마을에서는 x^3 장군을 급파했다.
그러나 그 역시 미분 귀신의 적수가 되기엔 역부족이었다.
단 4번의 미분에 그만 작살이나고야 말았다.
당황한 다항식 마을에서는 x^n 참모총장마저 보내는 초강수를
택하였으나 그 역시 $(n+1)$번의 미분 앞에서
힘없이 무너지고 말았다.
… 중략 …
– 인터넷에 떠도는 미분귀신 이야기 중에서 –

〈미분귀신 이야기 해석〉

『옛날에 아주 아름답고 평온한 마을이 있었다. 그 마을의 이름은 자연수마을.

그런데 어느 날, 마을에 미분귀신이 나타났다. 미분 귀신은 마을 사람들을 하나씩 미분시켜서 모조리 0으로 만들어 죽였다』

해석 : 자연수는 상수이므로 미분하면 0이 된다.

『마을은 점점 황폐해가고 이를 보다 못한 촌장과 동네 사람들이 반상회를 개최했다. 몇 시간의 토론 끝에 이웃에 있는 다항식 마을에 구원을 요청하기로 했다. 이웃 마을의 소식을 들은 마을에서는 x^2 장군을 자연수 마을에 급파했다. 전투 시에 수시로 자신의 모습을 바꾸는 x^2 장군 앞에서 잠시 당황한 미분귀신… 그러나 미분귀신은 잠시 생각하더니 3번의 미분을 통해서 간단히 해치우고 말았다』

해석 : x^2을 미분하면 $2x$가 되고. $2x$를 미분하면 2가 되며 2를 미분하면 0이 된다. 세 번의 미분으로 x^2은 0이 되었다.

『그러자 다항식 마을에서는 x^3 장군을 급파했다. 그러나 그 역시 미분 귀신의 적수가 되기엔 역부족이었다. 단 4번의 미분에 그만 작살이 나고야 말았다.』

해석 : x^3을 미분하면 $3x^2$이고 이를 다시 미분하면 $6x$가 된다. $6x$를 또 미분하면 6이 되고 상수를 한 번 더 미분하면 0이 된다. 4번 미분하여 x^3은 0이 되었다.

『당황한 다항식 마을에서는 x^n 참모총장마저 보내는 초강수를 택하였으나 그 역시 $(n+1)$번의 미분 앞에서 힘없이 무너지고 말았다.』

해석 : x^n 함수는 동일한 원리로 $(n+1)$ 번 미분하면 0이 된다.

미분으로 문제를 해결하다

미분을 소개하는 대부분의 수학, 과학서적을 보면 '미분은 변화를 다룬다'고 설명한다. 지금까지 알아본 미분 지식만으로는 변화를 다룬다는 것의 의미가 와 닿지 않을 수도 있을 것이다. 여기에서 미분의 쓰임새를 구체적으로 살펴보기로 하자.

함수를 분석할 수 있는 도구로서의 미분

순간변화율

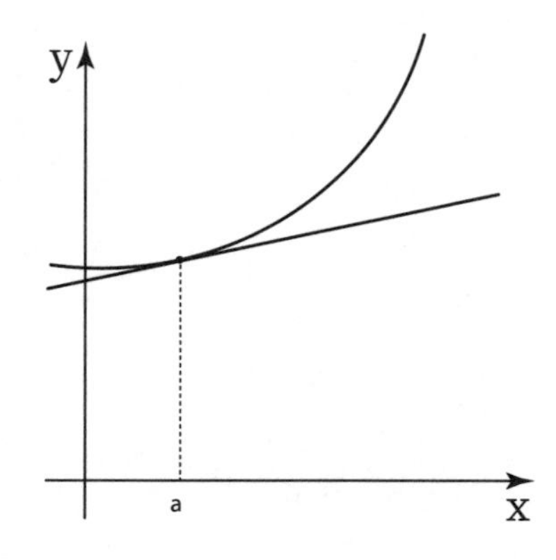

미분은 순간을 다룬다.

미분은 위 그림과 같이 $x=a$에서 '순간변화율' 혹은 $x=a$에서 '미분계수'를 계산하는 것이다. 미분은 순간적인 변화를 구체적인 수치(미분계수)와 함수(도함수)로서 엄밀하게 다룰 수 있다.

접선과 관련된 기하 문제

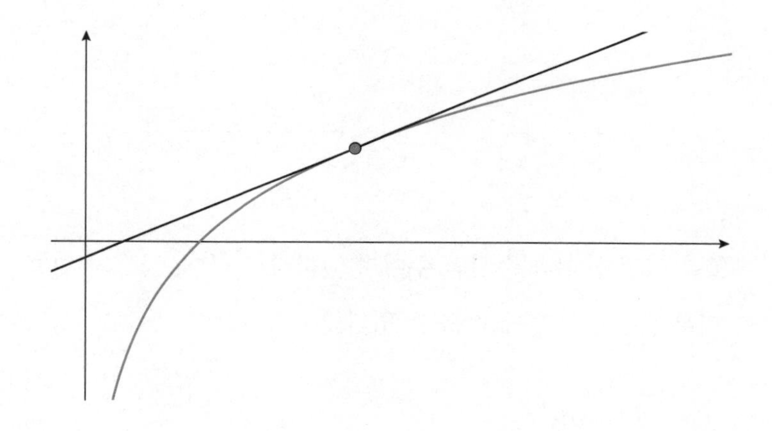

미분을 활용할 수 있는 가장 간단한 예는 어떤 함수 위의 점을 지나는 접선의 방정식을 구할 수 있다는 것이다.

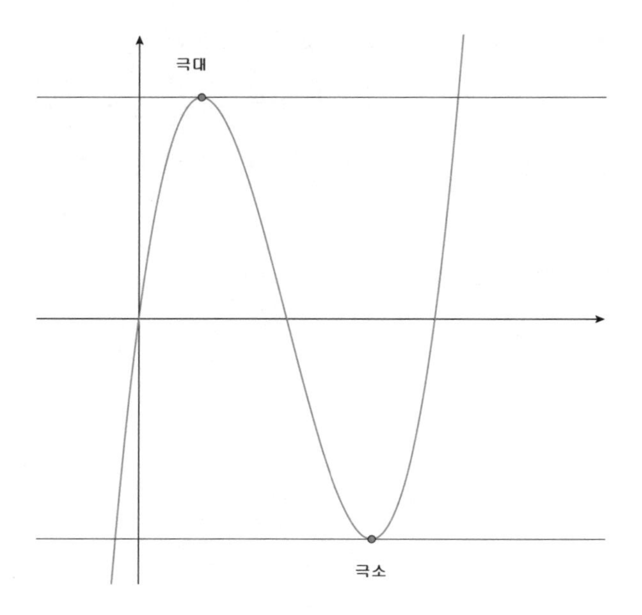

또한 어떤 함수가 수식만 주어져 있더라도 극대, 극소의 위치를 미분을 통해서 쉽게 찾을 수 있다.

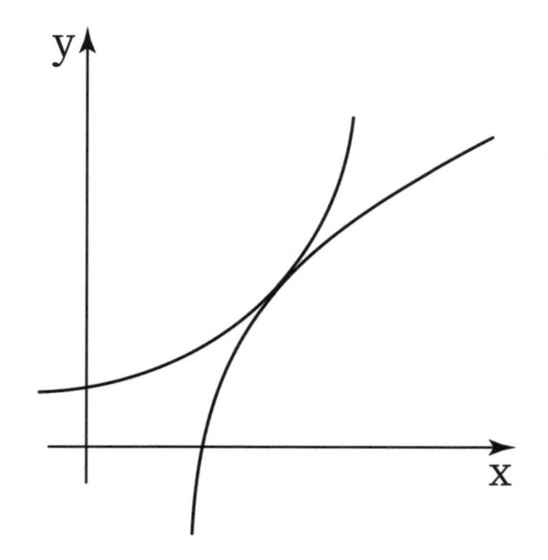

그림처럼 두 곡선이 접하는 상황에 대한 문제 역시 공통접선(미분)을 생각하여 해결할 수 있다.

복잡한 함수의 모양을 예측하다

만약 함수식이 복잡해서 그 식만으로는 정확하게 함수의 모양을 알 수 없을 때가 있다면 미분을 활용해 보자. 어떤 함수를 미분만 할 수 있다면 미분 결과를 활용하여 원래의 함수 모양을 충분히 예측할 수 있다. 이 부분은 이 책의 '미분코드를 해독하여 함수를 스캔하다'에서 좀 더 구체적으로 다룰 것이다.

물리적인 상황의 해석과 미분방정식

x축과 y축이 단순한 좌표축의 개념이 아닌 물리적인 의미가 있을 경우, 미분의 개념은 좀 더 현실적으로 다가올 수 있다.

x가 시간(t)을, y가 속도(v)를 나타내는 어떤 함수 위의 점에서 접선의 기울기는 시간에 따른 순간적인 속도의 변화를 나타낼 것이다. 이를 물리학에서는 '순간가속도'라고 한다. 순간가속도는 $\dfrac{dv}{dt}$ 으로 표현된다. 자동차의 운동성을 연구할 때 가속도 실험 결과는 가장 기초적인 데이터로 사용될 수 있다.

자동차의 운동성뿐 아니라 일반적인 자연현상을 해석할 때 특별한 형태의 방정식으로 표현할 수 있고 이 방정식이 미분과 관련되어 있다. 우리에게 익숙한 방정식은 '(x가 포함된 어떤 식)

= 0' 형태이다. 예를 들어 이차방정식은 $f(x)=ax^2+bx+c$에서 $f(x)=0$을 만족하는 x를 찾는 것이다. 미분과 관련된 방정식은 지금까지 알고 있는 방정식의 구조와 완전히 다르다. 그 이름을 보통 '미분방정식'이라고 부르는데 예를 들면 다음과 같다.

$$f''(x)+af'(x)+bf(x)+c=0$$

미분방정식은 도함수, 이계도함수와 같이 미분과 관련된 함수가 함께 등장하기도 하므로 쉽게 해결하기 힘들다. 하지만 이러한 미분방정식은 자연을 묘사하는 가장 정확한 방법으로 알려져 있다. 미분방정식으로 설명할 수 있는 자연이란 일반적인 물리현상을 말한다. 다음은 미분방정식으로 설명할 수 있는 주제들이다.

- 스프링 끝에 매달린 물체를 아래로 잡아당긴 후 놓았을 때 이 물체는 시간에 따라 어떻게 움직이다가 멈추게 될까?
- 매우 뜨거운 강철을 차가운 물에 갑자기 담글 때, 강철의 온도는 시간이 흐름에 따라 어떻게 변화할까?
- 비행기 날개 주변의 공기흐름은 어떤 모습일까?

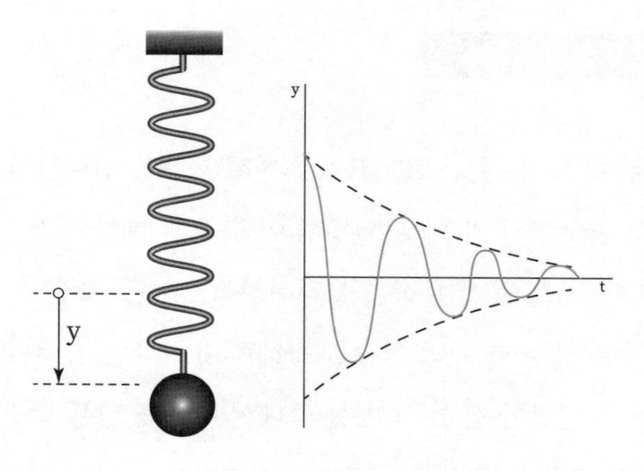

첫 번째 주제는 '스프링-질량 시스템'으로 이름 붙일 수 있으며, 일상에서도 쉽게 확인할 수 있다. 스프링 끝에 어떤 질량을 가진 물체가 매달려 있을 때, 아래 방향으로 적당히 당긴 후 손을 놓으면 물체는 위 아래로 움직이다가 멈추게 될 것이다. 이는 매우 단순해 보이지만 스프링의 특성을 나타내는 '스프링상수, 물체의 질량, 마찰 영향' 등을 생각해서 미분방정식을 만드는 것 자체가 쉽지 않다.

이렇게 설계한 미분방정식을 풀면 위의 오른쪽 그림과 같이 시간에 따른 물체의 움직임을 보여주는 수식을 찾을 수 있다. 미분방정식을 정교하게 설계할수록 그 결과는 실제 결과와 놀랍도록 비슷하게 된다. 이것이 미분방정식의 힘이다.

스프링-질량 시스템처럼 단순해 보이는 물리현상을 제대로 이해하려면 미적분의 개념, 미분방정식의 이해 그리고 물리학의 개념까지 요구된다.

미분 미술관 작품 3

미술관에 특별 전시되고 있는 세 번째 작품을 만나보자. 작품명은 '두 함수의 곱의 미분법'이다. 이 작품은 특별한 가치를 가지고 있다. 예를 들어 복잡한 물리현상을 함수로 표현할 때, 이미 잘 알고 있는 몇 개의 함수를 곱해서 표현할 수 있는 경우가 많다. 이때 간단한 함수 몇 개를 곱해서 새롭게 만든 복잡한 함수를 미분할 때 아래 작품이 반드시 필요하다.

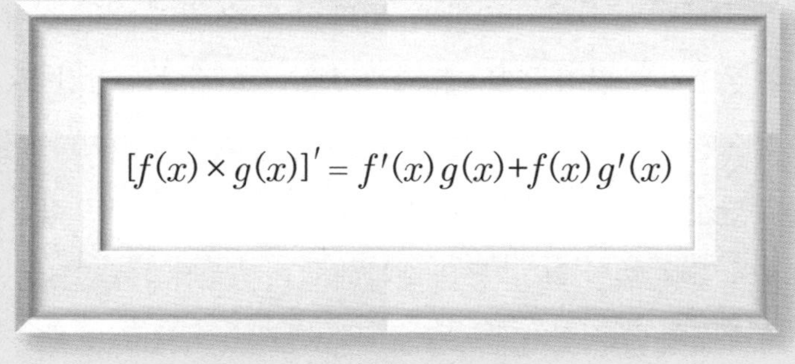

두 함수의 곱의 미분법

〈작품해설〉

먼저 좌변의 $[f(x)\times g(x)]'$은 미분 가능한 어떤 두 함수 $f(x)$와 $g(x)$를 곱한 식의 전체 미분을 의미한다. 그 결과는 우변의 $f'(x)\,g(x)+f(x)\,g'(x)$가 된다. 이를 풀이하면, (앞 함수를 미분) × (뒤 함수는 그대로) + (앞 함수는 그대로) × (뒤 함수를 미분)이라는 의미다. 이것이 두 함수의 곱의 미분법을 해석한 결과다. 이 결과만 잘 활용하면 곱의 미분법이 얼마나 강력한지 곧바로 확인할 수 있다. $y=x^2$의 미분을 만능키를 활용하여 계산하면 $y'=2x$가 된다는 것을 이미 알고 있다. 하지만 곱의 미분법으로도 미분이 가능하다.

$$\{x \times x\}' = (x)'(x) + (x)(x)'$$
$$= 1 \times x + x \times 1 = 2x$$

이 방법을 이용해서 차수를 올려가면서 계속 미분해 보자.

$y=x^3$을 미분하면

$\{x^2 \times x\}' = (x^2)'(x) + (x^2)(x)' = 2x \times x + x^2 \times 1 = 3x^2$

$y=x^4$을 미분하면

$\{x^3 \times x\}' = (x^3)'(x) + (x^3)(x)' = 3x^2 \times x + x^3 \times 1 = 4x^3$

차수를 올려서 계속해서 미분해 보면 다음과 같은 임의의 자연수 n에 대한 미분법까지 유추할 수 있다.

$$f(x)=x^n \text{일 때 } f'(x)=nx^{n-1}$$

이처럼 곱의 미분법을 이용하면 미분의 만능키를 사용하여 계산한 다항함수의 미분법과 동일한 결과를 만들어 낼 수 있다. 하지만 곱의 미분법에 표현된 f, g 함수는 다항함수로 한정하지 않고 미분 가능한 모든 함수를 나타낼 수 있다. 이것이 곱의 미분법이 가치있는 이유다. 곱의 미분법을 상세히 살펴보자.

곱의 미분법 증명

다음의 시를 살펴보면서 두 함수의 곱의 미분법을 어떻게 증명하고 있는지 알아보자.

〈두 함수의 곱으로 이루어진 함수의 미분법〉

미분 이야기

미분 가능한 두 함수 $f(x)$와 $g(x)$가 있을 때

두 함수의 곱 $[f(x) \times g(x)]$의 미분을 하려면

도함수의 정의 $\lim_{h \to 0} \frac{f(x+h)-f(x)}{h}$ 에 대입해야 하고

$\lim_{h \to 0} \frac{f(x+h)g(x+h)-f(x)g(x)}{h}$ 이 된다.

위 식의 분자에 $f(x)g(x+h)-f(x)g(x+h)$을 더해도

식은 변하지 않으며,

$$\lim_{h\to0}\frac{g(x+h)\{f(x+h)-f(x)\}+f(x)\{g(x+h)-g(x)\}}{h}$$ 이 된다.

이 식을 도함수의 기본구조를 생각하면서 정리하면,

$$\lim_{h\to0}g(x+h)\times\lim_{h\to0}\frac{f(x+h)-f(x)}{h}+f(x)\times\lim_{h\to0}\frac{g(x+h)-g(x)}{h}$$

이다.

이는 결국 $f'(x)g(x)+f(x)g'(x)$이다.

곱의 미분법 활용

$f(x)=(2x+5)(x^2+2x)$를 x에 대하여 미분할 때,

다항식을 전개한 후 미분할 필요 없이 곱의 미분법을 활용하면,

$f'(x)=(2x+5)'(x^2+2x)+(2x+5)(x^2+2x)'$ 이므로

$f'(x)=2(x^2+2x)+(2x+5)(2x+2)$와 같이 계산할 수 있다.

이처럼 곱의 미분법을 잘 활용하면 전개할 때 생길 수 있는 실수를 줄일 수 있고 계산시간을 단축시킬 수 있으므로 매우 요긴하게 사용할 수 있다.

미분코드를 해독하여 함수를 스캔하다

함수를 스캔하는 코드

함수를 스캔한 방식을 복습해 보자. 다음 그림에서 미분계수가 0이 되는 지점이 $x=a$ 라고 한다면, $x < a$에서는 미분계수가 모두 양수이고, $x > a$에서는 미분계수가 모두 음수가 된다.

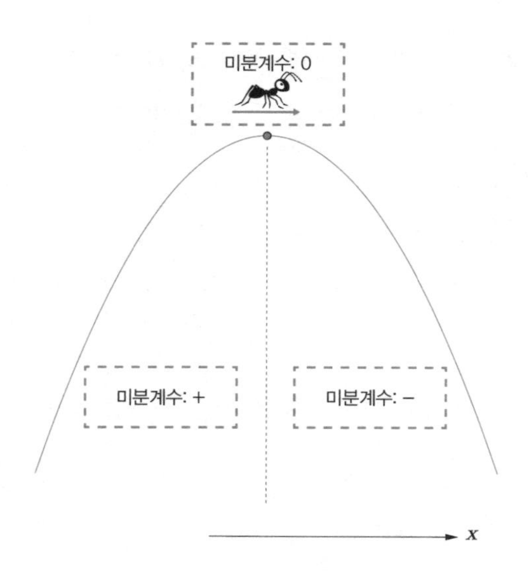

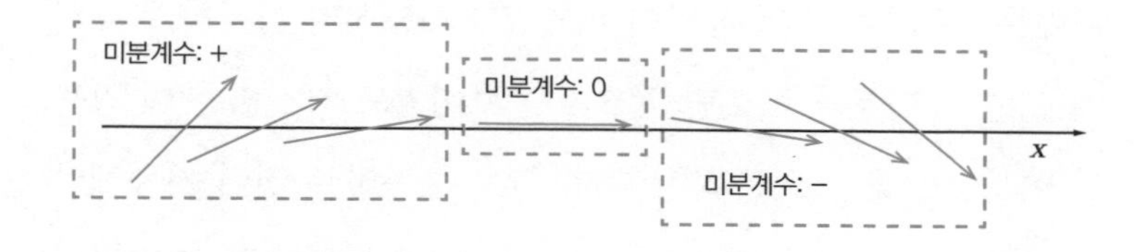

미분계수가 0인 $x=a$의 좌우에서 미분계수의 부호가 양수에서 음수로 변화할 때 그래프는 위로 볼록한 극대가 된다는 것을 알 수 있다. 위 정보를 좀 더 단순화시키면 다음과 같은 표가 된다.

x	$x<a$	$x=a$	$x>a$
$f'(x)$	+	0	–
$f(x)$	↗	극대	↘

미분 정보를 간단하게 표현하는 방법

이 표는 지금까지의 미분에 대한 개념이 압축되어 있다. $f'(x)=0$을 만족하는 x값을 찾고(위 표에서는 $x=a$), 이 점의 좌우에서 $f'(x)$의 부호를 조사한 결과를 표에 기입하면 $f(x)$의 모양을 예상할 수 있다.

x	…	$x=a$	…
f'	+	0	–
f	↗	극대	↘

더 간단하게 표현한 미분코드

미분표 작성이 익숙해지면 위와 같이 조금 더 간단하게 표시해도 된다. 미분을 모르면 암호처럼 보이기도 하겠지만 이 압축된 미분코드를 스스로 작성할 수 있고 해독하는 것이 가능해야 한다. 미분의 개념과 함수를 스캔하는 원리를 정확히 알고 있다면 이 미분코드는 더없이 유용한 정보가 될 것이다.

극댓값, 극솟값의 기하학적 특성

극대와 극소에 대한 개념을 좀 더 알아보기로 한다. 함수가 극댓값과 극솟값을 가질 때를 잘 살펴보면 다음과 같다.

그래프 모양이 위로 볼록하거나 아래로 볼록하다.

위로 볼록한 경우 → 극대

아래로 볼록한 경우 → 극소

위로 볼록하거나 아래로 볼록한 상황을 수학적으로 '극대, 극소에서 접선의 기울기는 0이다'라고 표현할 수 있다.

다음 함수의 극대(점 A), 극소(점 B)에서 접선의 기울기를 살펴보자.

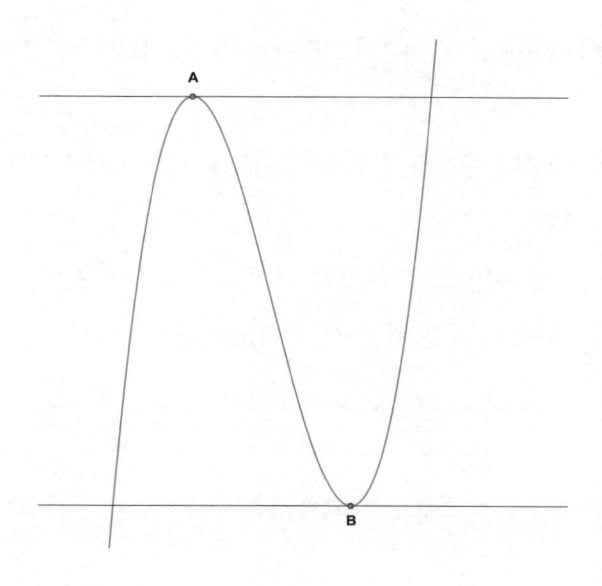

위와 같이 기울기가 0인 수평선이 된다.

극댓값, 극솟값의 기하학적 특성을 최종적으로 정리하면 다음과 같다.

극댓값과 극솟값을 가지는 점에서 접선의 기울기는 0이다.

극댓값과 극솟값을 가질 때 그 점의 미분계수는 0이다.

이차함수 스캔하기

이차함수의 그래프는 중학교 수준에서도 충분히 그릴 수 있지만 여기서는 미분을 활용해 연습해 보고자 한다.

연습 : $f(x) = x^2 - 4x + 3$의 그래프를 미분을 활용하여 그려보자.

먼저, 극점의 존재를 확인해야 하므로 $f'(x) = 0$이 되는 점을 찾아야 한다.

$f'(x) = 2x - 4$이므로, $x = 2$일 때 $f'(x) = 0$이 된다. 이 정보를 이용하여 다음과 같은 미분코드를 작성해 볼 수 있다.

x	…	$x = 2$	…
f'	−	0	+
f	↘	극소	↗

$x = 2$ 좌우에서 $f'(x)$의 부호를 조사하면, $x = 2$에서 극소가 됨을 알 수 있다. 또한 $f(0) = 3$, $f(2) = -1$이므로 이를 모두 이용하면 다음과 같은 그래프 모양을 유추할 수 있다.

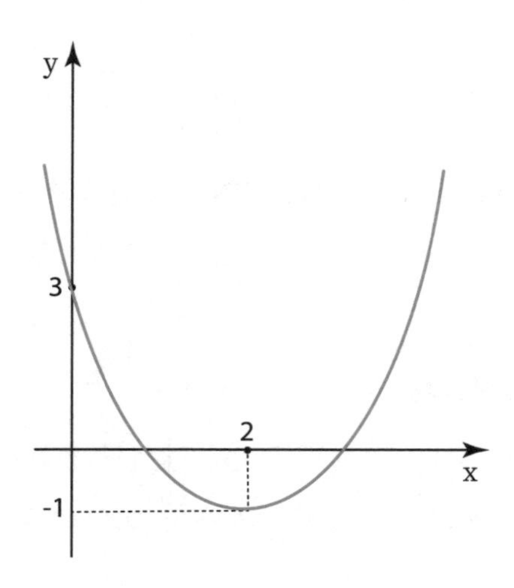

이처럼 미분 정보가 포함된 표를 정확하게 작성하면 함수를 스캔할 수 있다.

미분코드 해독 연습

다음과 같이 두 개의 정보가 주어질 때, 함수 $f(x)$의 모양을 유추해 보자.

정보 1

x	...	-1	...	1	...
f'	+	0	-	0	+
f					

정보 2

$f(0)=0$, $f(-1)=2$, $f(1)=-2$

미분의 개념, 극대와 극소의 개념, 미분을 표현하는 기호에 대한 이해가 없다면 위 정보는 그야말로 암호처럼 보일 것이다.

정보1에서 가장 중요한 것은 $f'(x)=0$이 되는 점이 $x=-1$과 $x=1$ 두 개라는 것이다. 그리고 $f'(x)$의 부호는 $x<1$인 구간에서는 양수이고, $-1<x<1$구간에서는 음수이며 $x>1$ 구간에서 다시 양수가 된다. 이 정보를 참고하면 원래 함수 $f(x)$의 모양을 나타내는 화살표를 다음과 같이 기록할 수 있다.

x	…	−1	…	1	…
f'	+	0	−	0	+
f	↗	극댓값, 2	↘	극솟값, −2	↗

정보 1과 정보 2를 모두 활용하면 다음과 같은 함수 $f(x)$의 모양을 충분히 스캔할 수 있다.

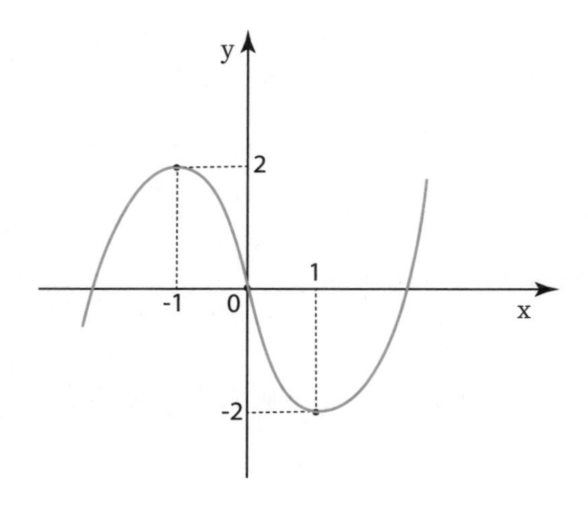

Part 4

변화를 만드는 미분이야기

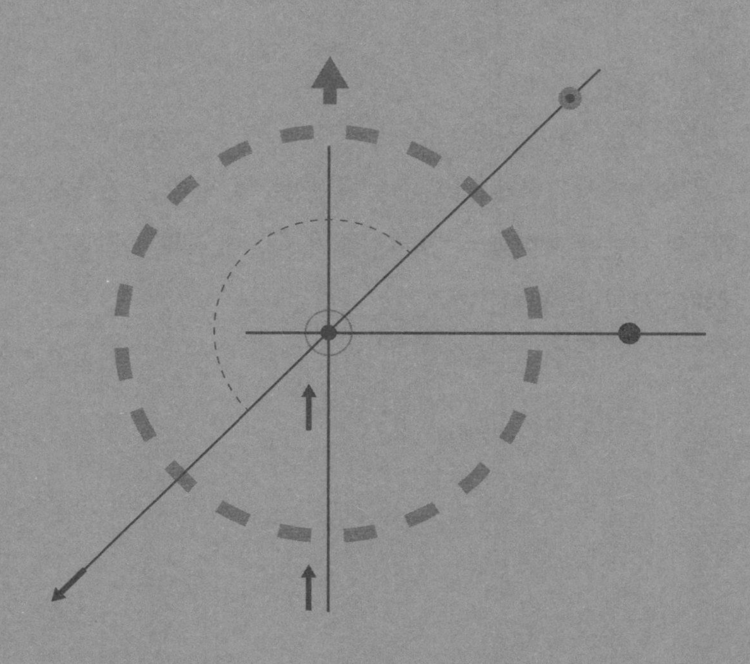

오일러 수 e의 마법

이제 지수함수와 로그함수의 미분을 수학적으로 엄밀하게 수행해 보자. 지수함수의 경우 그 미분 특성을 GPS 미분개미를 통해서 살펴본 바 있다. 지수함수와 특별한 관계를 가지고 있는 로그함수를 우선 간단히 살펴본 후 두 함수의 미분에 도전해 보기로 한다.

완만하게 변화하는 로그함수

무엇인가 급격하게 변화하는 지수함수와 달리 완만하게 변화하는 모습을 표현할 수 있는 함수가 있는데 바로 다음과 같은 형태의 로그함수이다.

완만한 경사를 가지는 로그함수

로그는 특별한 개념이 아니라 지수를 다른 관점에서 표현한 것이다. 로그의 개념은 다음과 같은 질문에서 출발한다.

$5^x = 26$일 때, x값은?

이를 만족하는 x값을 대답하기 힘들다. 이 문제를 해결할 새로운 수학도구가 바로 '로그log' 개념이다.

로그의 정의 $a>0$, $a \neq 1$, $b>0$일 때 $a^x = b \Leftrightarrow x = \log_a b$

$\log_a b$는 '로그 a, b'로 읽으면 되고 a를 밑, b를 진수라고 부른다. $5^x = 26$일 때, x의 값을 묻는 문제의 완벽한 답은 $x = \log_5 26$이다.

로그는 실수값이다

그렇다면 $\log_5 26$의 값은 대략 얼마일까? 계산기를 사용하거나 수식을 해결할 수 있는 프로그램을 이용하면 약 2.0244와 같은 소수가 나온다.

이 값은 $\log_5 26$의 대략적인 값이다. 계산기를 통해서 $5^{2.0244}$를 계산하면 26.001이 됨을 확인할 수 있다. 이 과정에서 $\log_a b$ 형태는 실수인 것을 확인할 수 있고 실제 $\log_5 26$ 값은 무리수이다. 이제 로그함수 $y = \log_a x$를 정의할 수 있다.

로그함수의 밑과 진수의 제약조건

로그함수 $y = \log_a x$에서 $a^y = x$이므로, 로그의 밑 a가 1 혹은 음수라면 y의 실수조건을 만족시킬 수 없다. 예를 들어 $1^y = 3$, $(-2)^y = 3$과 같은 상황에서 실수 y가 존재할 수 없다. 또한 $0^y = 3$을 만족하는 실수 y도 존재할 수 없다. 그러므로 로그함수 y가 실수가 되기 위해서 밑은 항상 1이 아닌 양의 실수조건을 만족해야 한다.

또한 로그함수 $y = \log_a x$에서 진수 x값이 음수거나 0

일 때에도 로그의 실수조건을 만족시킬 수 없다. 예를 들어 $2^y = -3$, $2^y = 0$과 같은 상황에서 이를 만족하는 실수 y값은 존재하지 않기 때문이다. 그러므로 진수 x는 반드시 양의 실수조건을 만족해야 한다.

로그함수의 미분을 위한 최소한의 연산법칙

로그함수의 미분을 위해서 필요한 최소한의 로그에 대한 특성을 살펴보기로 한다. 우선 가장 쉬운 로그의 연산법칙은 다음과 같다.

$$\log_a a = 1,\ \log_a 1 = 0$$

(단, $a > 0$, $a \neq 1$)

지수의 성질 $a^1 = a$, $a^0 = 1$을 로그로 표현하면 $\log_a a = 1$, $\log_a 1 = 0$이 된다. 이처럼 로그의 연산법칙을 살펴볼 때 지수의 연산법칙을 떠올리는 것이 중요하다.

나머지 연산법칙 역시 지수의 연산법칙인 $a^x \times a^y = a^{(x+y)}$, $a^x \div a^y = a^{(x-y)}$, $(a^x)^n = a^{nx}$을 로그의 정의를 이용해서 표현한 후 정리하면 다음과 같은 로그의 연산법칙을 확인할 수 있다(단, $a > 0$, $a \neq 1$, $A > 0$, $B > 0$).

밑이 동일한 로그의 합 $\log_a A + \log_a B = \log_a AB$

밑이 동일한 로그의 뺄셈 $\log_a A - \log_a B = \log_a \frac{A}{B}$

지수가 포함된 로그의 연산 $\log_a A^n = n\log_a A$

마지막으로 밑과 진수를 바꿀 때 다음의 연산법칙을 생각해 볼 수 있다.

밑과 진수를 바꿀 때 로그연산

$$\log_a b = \frac{1}{\log_b a} \quad (\text{단, } b \neq 1,\ b > 0)$$

$\log_a b = x$라고 설정하자. 로그의 정의에서 $a^x = b$이다. $a^x = b$식의 양변에 b ($b \neq 1$, $b > 0$)를 밑으로 하는 로그를 취하면 $\log_b a^x = \log_b b \Leftrightarrow x\log_b a = 1$이므로 $x = \frac{1}{\log_b a}$가 된다. 처음 $\log_a b = x$로 설정한 것을 기억하면 $\log_a b = \frac{1}{\log_b a}$가 된다.

〈지수함수의 미분이 쉽지 않은 이유〉

미분 이야기

지수함수 $f(x)=a^x$ $(a>0,\ a\neq 1)$를 미분하기 위해

도함수의 정의에 대입해 보면

$$f'(x)=\lim_{h\to 0}\frac{a^{x+h}-a^x}{h}$$ 이다.

위 식을 현재 수준에서 해결할 방법이 없다.

번역

위 리미트 속의 수식 $\frac{a^{x+h}-a^x}{h}$ 을 좀 더 생각해 보자.

a 가 양수일 때, $\frac{a^{x+h}-a^x}{h}=\frac{a^x(a^h-1)}{h}$ 이므로

$$f'(x)=\lim_{h\to 0}\frac{a^{x+h}-a^x}{h}=\lim_{h\to 0}\frac{a^x(a^h-1)}{h}=a^x\times\lim_{h\to 0}\frac{a^h-1}{h}$$

이다.

여기서 $\lim_{h\to 0}\frac{(a^h-1)}{h}$ 을 어떻게 계산할 수 있을까?

〈로그함수의 미분〉

미분 이야기

$y=\log_a x$에서 밑 $a>0$, $a\neq1$이고

진수 x가 양의 실수일 때,

로그함수 $y=\log_a x$를 미분해 보자.

도함수의 정의에서

$f'(x)=\lim_{h\to0}\frac{\log_a(x+h)-\log_a x}{h}$ 이다.

이 수식을 해결할 방법이 내 손에 없다.

해석

로그의 연산법칙을 활용하여

$$f'(x)=\lim_{h\to0}\frac{\log_a(x+h)-\log_a x}{h}=\lim_{h\to0}\frac{\log_a\frac{x+h}{x}}{h}$$

$$=\lim_{h\to0}\frac{1}{h}log_a\frac{x+h}{x}=\lim_{h\to0}\log_a\left(1+\frac{h}{x}\right)^{\frac{1}{h}}$$

으로 정리할 수 있다. 마지막 식을 해결할 방법은 무엇일까?

즉, $\lim_{h\to0}\left(1+\frac{h}{x}\right)^{\frac{1}{h}}$ 은 어떤 값으로 수렴할까?

미분 미술관 작품 4

지수함수와 로그함수의 미분을 시도해 보았지만 아직까지 해결하지 못하고 있다. 미분의 만능키를 이용하여 계산하는 과정은 미분 대상인 함수에 따라 간단할 수도 있고 이처럼 쉽지 않은 경우도 있다. 지수함수의 미분을 위해서 $\lim_{h\to 0}\frac{(a^h-1)}{h}$ 식을 해결할 수 있어야 하며 로그함수의 미분을 위해서 $\lim_{h\to 0}\left(1+\frac{h}{x}\right)^{\frac{1}{h}}$ 을 해결해야 한다. 이 두 가지 특별한 극한식을 해결할 방법이 필요하다. 이를 위해서 미분 미술관에 전시되어 있는 작품 4를 감상해 보자. 이 작품에 힌트가 있다.

$$\lim_{n\to\infty}\left(1+\frac{1}{n}\right)^n = e$$

오일러 수 e

〈작품해설〉

작품을 살펴보면 lim, 어떤 수식, e가 보인다. 지금까지 미분 미술관에 전시된 작품 중 가장 추상적이다. e는 오일러 수라고 불리는 어떤 무리수이다. 오일러(Euler)는 18세기 최고의 수학자이며 무리수 e값을 발견하고 자신의 이름을 딴 e라는 이름까지 붙였다.

오일러 수 e가 구체적으로 무엇인지 그리고 위 작품이 지수함수와 로그함수의 미분과 무슨 관계가 있는지 이해하는 것이 작품을 감상하는 핵심이다. 이 작품에 대한 상세한 해설을 살펴보자.

수열의 극한과 오일러 수 e

오일러 수를 수열로 설명하려고 한다. 수열이란 '수를 나열한 것'인데 다음의 간단한 수열을 살펴보자.

1, 3, 5, 7, 9, ⋯

위 수열은 1부터 시작하는 홀수를 나열한 것이다. 위 수열의 경우 n번째 항은 분명히 $2n-1$일 것이다. 이를 일반항(a_n)이라고 부른다. 즉, 위 수열은 일반항 $a_n=2n-1$(n : 자연수)로 표현된다.

미분 공부를 하다 보면 만나게 되는 수열 하나가 있다. 이 특별한 수열이 지금 설명하고 있는 오일러 수 e와 관련 있다. 다음 어떤 수열의 일반항을 살펴보자.

$$a_n = \left(1 + \frac{1}{n}\right)^n$$

이 수열의 n 자리에 자연수를 대입해 보면 다음과 같이 n번째 항을 계산할 수 있다.

n=1일 때, $a_1 = \left(1+\frac{1}{1}\right)^1 = 2$

n=2일 때, $a_2 = \left(1+\frac{1}{2}\right)^2 = 2.25$

수열의 일반항에 n값을 10, 100, 1000 … 과 같이 서서히 증가시켜서 a_n값을 계산한 결과는 다음과 같다.

n	a_n
10	2.59374246
100	2.704813829
1000	2.716923932
10000	2.718145927
100000	2.718268237
10000000	2.718281694

위 표에서 n값이 매우 커지더라도 $\left(1+\frac{1}{n}\right)^n$값은 한없이 증가하는 경향을 보이지 않는다. n을 무한대로 보내면 위 수열의

극한값은 특정값으로 수렴할까? 아니면 무한대로 커질까?

$$\lim_{n\to\infty}\left(1+\frac{1}{n}\right)^n = ?$$

위 수열의 극한값은 무한대로 커지지 않고 어떤 특정한 값으로 수렴하는데 그 값은 무리수임이 밝혀졌다. 이 무리수는 약 2.718⋯ 의 값을 가지며 위대한 수학자 오일러Euler의 이름에서 e라고 부른다.

$$\lim_{n\to\infty}\left(1+\frac{1}{n}\right)^n = e$$

위 식은 다음과 같이 변형할 수 있다.

$$\lim_{n\to 0}(1+n)^{\frac{1}{n}} = e$$

n이 0에 가까워지는 형태로 극한식이 변형되었지만 동일한 결과 e값을 가진다. 왜냐하면 극한식이 $(1+0)^{\infty}$ 형태로 그 구조

가 완전하게 일치하기 때문이다. 이를 좀 더 확장하면 다음과 같이 생각할 수 있다.

$$\lim_{n\to0}\left(1+\frac{n}{a}\right)^{\frac{a}{n}} = e$$

a가 0이 아닌 양의 실수일 때에도 위 극한식의 결과가 오일러 수 e가 된다. $\frac{n}{a}=t$ 로 치환해서 생각해 보면, n이 0으로 접근할 때 t값 역시 0으로 접근하므로 다음과 같이 t에 대한 극한식으로 변경할 수 있고 극한값은 오일러 수 e가 된다는 것을 확인할 수 있다.

$$\lim_{n\to0}\left(1+\frac{n}{a}\right)^{\frac{a}{n}} = \lim_{t\to0}(1+t)^{\frac{1}{t}} = e$$

오일러 수 e는 미분의 마법사

로그 $\log_a x$ 형태에서 a에 오일러 수 e를 대입한 $\log_e x$를 자연로그natural logarithm라고 부르며 다음과 같이 정의한다.

$$밑이\ 오일러\ 수\ e인\ 로그\ \log_e x = \ln x$$

$$\ln e = \log_e e = 1$$

$\ln x$는 '엘엔 엑스'라고 읽고 지수함수와 로그함수의 미분 이야기에 빠질 수 없는 중요한 함수다. 미분의 마법사 오일러 수 e 그리고 특별한 로그 $\ln x$의 개념을 잘 활용하면 지수함수와 로그함수의 미분을 마무리할 수 있다.

지수함수와 로그함수의 미분 결과

지수함수와 로그함수의 미분을 한번에 해결할 수 없어서 미분 미술관에서 오일러수 e라는 작품을 자세히 살펴보았다. 이 작품을 정확하게 감상하였다면 두 함수의 미분을 해결할 수 있다.

지수함수의 미분에 등장한 극한식의 최종정리

$\lim_{h\to0}\frac{(a^h-1)}{h}$ 를 오일러 수 e와 로그의 성질을 이용해서 다음과 같이 정리할 수 있다. 분자 $a^h-1=t$로 치환하면 $a^h=1+t$이고 로그의 정의에 의하여 $h=\log_a(1+t)$가 된다. 이때 $h\to0$일 때, $t\to0$이므로 이를 모두 대입하여 정리하면 다음과 같다.

$$\lim_{h\to0}\frac{a^h-1}{h}=\lim_{t\to0}\frac{t}{\log_a(1+t)}=\lim_{t\to0}\frac{1}{\frac{1}{t}log_a(1+t)}$$

$$=\lim_{t\to0}\frac{1}{\log_a(1+t)^{\frac{1}{t}}}=\frac{1}{\log_a e}=\log_e a=\ln a$$

이 결과를 이용하여 지수함수 $f(x)=a^x$를 미분하면

$$f'(x)=\lim_{h\to0}\frac{a^{x+h}-a^x}{h}=a^x\times\lim_{h\to0}\frac{a^h-1}{h}=a^x\ln a$$

로그함수의 미분에 등장한 극한식의 최종정리

로그함수의 미분을 수행하는 과정에서 만났던 마지막 식의 진수부분을 $\left(1+\frac{h}{x}\right)^{\frac{1}{h}\times\frac{x}{x}}=\left(1+\frac{h}{x}\right)^{\frac{x}{h}\times\frac{1}{x}}$로 변형하여 정리하면

$$\lim_{h\to0}\log_a\left(1+\frac{h}{x}\right)^{\frac{1}{h}}=\lim_{h\to0}\log_a\left(1+\frac{h}{x}\right)^{\frac{x}{h}\times\frac{1}{x}}$$

$$=\lim_{h\to0}\frac{1}{x}log_a\left(1+\frac{h}{x}\right)^{\frac{x}{h}}=\frac{1}{x}log_a e=\frac{1}{xlna}$$ 이다.

즉, 로그함수 $f(x)=\log_a x$를 미분하면 $f'(x)=\frac{1}{x\ln a}$

지수함수와 로그함수의 미분을 해결하기 위해서 지수, 로그의 연산법칙뿐 아니라 오일러수 e의 개념, $\ln x$까지 총동원되었다. 이처럼 지수함수와 로그함수의 미분은 특정한 함수 자체만 이해해서는 해결할 수 없는 주제인 것이다.

지금부터 지수함수의 미분 결과와 로그함수의 미분 결과를 이용하여 특별한 생각실험을 해보기로 한다.

생각실험 1

지수함수 $f(x)=a^x$를 미분하면 $f'(x)=a^x\ln a$

a^x를 x에 대해서 미분했더니 $a^x\ln a$가 된다는 것인데 결과만 보고 있으면 꽤 신기하다. 도함수가 원래 함수를 포함한 형태이

기 때문이다. 이는 지수함수와 그 도함수의 모양이 유사하다는 것을 수학적으로 설명하고 있다. 지수함수와 그 도함수의 모양이 유사한 것에 대해서 앞서 잠깐 살펴본 바 있다.

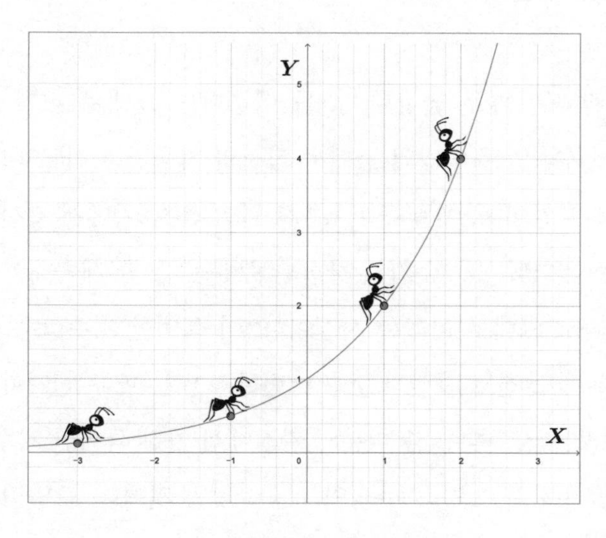

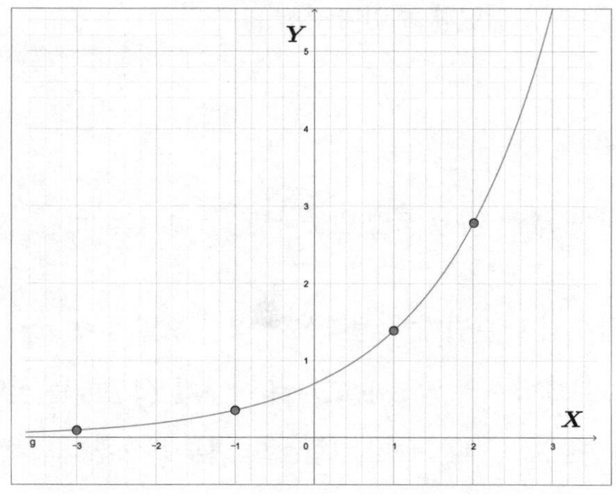

지수함수(위)와 그 도함수(아래)는 모양이 매우 유사하다.

지수함수의 미분 결과 중에서 재미있는 생각실험은 a 자리에 오일러 수 e를 한번 대입해 보는 것이다.

$f(x)=e^x$일 때, $f'(x)=e^x\ln e=e^x$

이 결과는 매우 놀랍다. e^x를 미분하면 그대로 e^x가 된다. $y=e^x$ 위에 있는 임의의 점에서 접선의 기울기는 바로 해당 점의 y 좌표값이다. 예를 들어 $y=e^x$ 위의 점$(5,\ e^5)$에서 접선의 기울기는 e^5이다. 또 한 가지 중요한 부분은 e^x를 계속해서 미분한 결과도 그대로 e^x라는 사실이다. 이 특이한 지수함수 $y=e^x$는 미분해도 결코 자신의 모습이 변하지 않는 매우 신기한 함수다. 수많은 지수함수 중 미분의 관점에서 가장 특이한 지수함수는 바로 a값이 오일러 수 e인 $f(x)=e^x$인 것이다. 오일러 수 e의 마법은 정말 대단해 보인다.

생각실험 2

로그함수 $f(x)=\log_a x$를 미분하면 $f'(x)=\dfrac{1}{x\ln a}$

로그함수의 미분법에서 생각실험 역시 오일러 수 e와 관련되어 있다. 로그함수의 밑 a에 오일러 수 e를 대입하는 실험을 해 보자. 자연로그 $y=\ln x$ 을 로그함수의 미분공식에 대입해 보면,

$y = \ln x$에 대해서, $y' = \dfrac{1}{x \ln e} = \dfrac{1}{x}$

자연로그 $\ln x$를 x에 대해서 미분했더니 분수함수 $\dfrac{1}{x}$이 튀어 나왔다. 로그함수와 분수함수는 전혀 관련 없어 보인다. 하지만 자연로그의 미분을 통해서 두 함수의 비밀스런 관계가 드러나게 되었다.

자연로그함수의 미분 결과를 잘 생각하면서 다음의 뉴스를 천천히 읽어보자.

개와 인간의 나이

> 강아지 나이, 사람 나이로 바꾸는 '공식'이 나왔다!
> '개 나이×7' 공공연한 공식 깨고 **'16×ln(개 나이)+31=사람 나이'**
> 리트리버 1살=31세, 2살=42세… 美 UCSD연구팀 새 계산법 발표

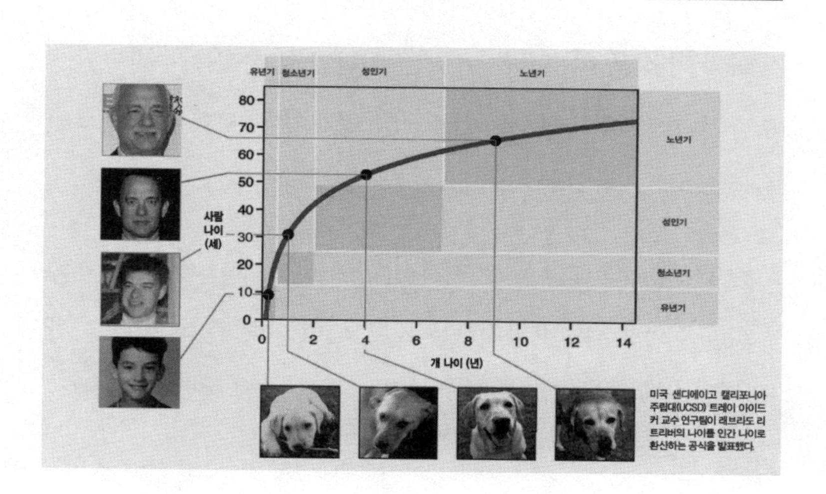

> 반려견의 나이는 개의 시간과 인간의 시간이 서로 다르게 흘러간다는 믿음에 있다. 예컨대 반려견의 열 살이 인간의 열 살과 같지 않다는 의미다. 이런 이유로 지금껏 개의 나이에 숫자 7을 곱하면 인간의 나이가 된다는 공식이 공공연하게 사용됐다. 그러나 이는 과거 통계에서 비롯된 정보로 더 이상 옳지 않다. 미국 샌디에이고 캘리포니아주립대UCSD 트레이 아이드커 교수 연구팀은 "개의 나이를 사람 나이로 변환하는 새로운 공식을 만들어냈다."라고 지난 18일 논문 사전 출판 사이트인 '바이오 아카이브'bioRxiv에 발표했다.
>
> – 출처:헤럴드 경제, 2019년 11월 21일자

위 기사에 등장하는 식은 '사람 나이 = 16ln(개 나이) + 31'이다. 자연로그의 개념을 이해하고 있으므로 개 나이가 1살일 때, $\ln(1)=0$이므로 사람 나이는 31살이라는 것을 이해할 수 있다. 개 나이를 x, 사람 나이를 y라고 할 때 $y=16\ln x+31$임을 알 수 있다.

이제 이 식을 미분하면 $y'=\frac{16}{x}$ 이다. 도함수가 분수함수이므로 x가 커질 때 도함수는 감소하는 형태이다. 도함수를 해석해서 설명해 보면 다음과 같다.

개 나이(x)에 대한 사람의 나이(y)의 변화(y')가 시간이 흐를수록(x가 커질수록) 작아진다는 것을 의미한다. 즉, 사람은 시간이 지날수록 개보다 천천히 늙는다는 것을 말해 준다.

트랜스포머와 미분

영화 트랜스포머에서 자동차가 로봇으로 변신되듯이 어떤 함수가 주어졌을 때 다양한 방법으로 새로운 함수로 만들 수 있다. 함수의 형태를 변신시켜주는 도구로써 합성함수와 역함수에 대해 알아보고 이를 미분의 개념과 연결시켜 볼 예정이다.

$$f \circ g, f^{-1}$$

영화 트랜스포머에서는 자동차가 로봇으로, 다시 로봇에서 자동차로 자유자재로 변신transformation가능하다. 함수 역시 원하는 방식으로 변형시킬 수 있다.

$y=(3x^2+1)^{100}$을 어떻게 미분할 것인가?

이 함수를 다항함수의 관점으로 해결하려면 엄청나게 복잡하다. 100거듭제곱을 전개하여 모든 항을 미분하는 것을 생각해야 한다. 우리는 $y=x^{100}$을 x에 대해서 미분할 수 있다. $y=3x^2+1$도 미분할 수 있다. 이미 알고 있는 간단한 두 함수를 조합해서 새롭게 만든 $y=(3x^2+1)^{100}$의 미분을 쉽게 해결하는 것이 지금 생각해 볼 합성함수의 미분법이다.

합성함수

합성함수는 두 개 이상의 함수를 그야말로 '합성'해서 새로운 함수를 만드는 개념이다. 합성함수를 표현하는 약속된 방식이 있는데 이를 정확하게 이해해야 한다.

두 개의 함수 $f(x)=x^{100}$, $g(x)=3x^2+1$을 가지고 합성함수를 생각해 보자.

$f \circ g$라는 새로운 합성함수를 만들어낼 수 있는데 이때 합성할 함수 사이에 동그라미 '$\circ$' 기호 [dot, '도트'라고 읽는다]를 사용하여 합성함수를 표현한다. $f \circ g$는 [f 도트 g라고 읽으면 된다] 함수 g를 먼저 실행하고 그 결과 값을 함수 f의 입력값으로 사용하여 최종적으로 출력하는 기능을 하는 합성

함수다. 합성함수 f의 입력값이 x가 아닌 $g(x)$이다. $g(x)$의 출력값 $3x^2+1$을 함수 $f(x)=x^{100}$의 입력값 x자리에 대입하면 $(3x^2+1)^{100}$이 된다. 요약하면 다음과 같다.

$f \circ g$: 함수 g를 먼저 실행한 후 함수 f를 실행한다.

x를 함수 g에 먼저 입력하면, $x \rightarrow g \rightarrow 3x^2+1$

g의 출력값을 함수 f에 입력하면,
$(3x^2+1) \rightarrow f \rightarrow (3x^2+1)^{100}$

결국 초기 입력값 x가 합성함수 $f \circ g$를 거쳐서 출력값이 $(3x^2+1)^{100}$이 되었다. 두 개의 함수를 합성하여 새로운 기능을 하는 함수가 만들어진 것이다.

$$(f \circ g)(x)=f(g(x))=f(3x^2+1)=(3x^2+1)^{100}$$

역함수

함수 앞에 '역'이라는 단어가 있다. '역'이라는 말은 '반대로', '거꾸로'라는 뜻의 한자이다. 그러므로 역함수의 개념은 어떤 함수를 반대로 돌리는 함수이다. 즉 원래 함수의 출력값이 역함수의 입력값이며 원래 함수의 입력값이 역함수의 출력값이 되는 것이다. 역함수의 표기법은 다음과 같다.

$$f^{-1}(x)$$

f 위에 -1이 있는 것이 원래의 함수 f와 다른 유일한 특징이다. -1이 있으면 함수 f의 역함수라는 것을 표시한다. '역함수 에프엑스' 또는 '인버스inverse 에프엑스'라고 읽으면 된다.

다음 그림은 역함수의 기능을 잘 보여주고 있다. 그림을 잘 살펴보면 역함수 f^{-1}는 원래의 함수 f의 출력값을 입력값으로 돌려주는 기능을 하고 있다는 것을 알 수 있다.

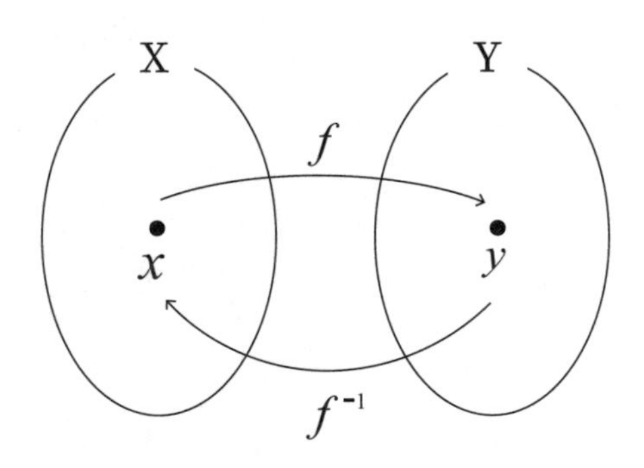

역함수는 원래 함수의 출력값을 다시 입력값으로 돌려주는 기능을 한다.

역함수의 개념을 설명하고 있는 그림은 역함수의 정의를 표현하고 있을 뿐 아니라 아래 개념까지 설명하고 있다.

$$(f \circ f^{-1})(x) = x,\ (f^{-1} \circ f)(x) = x$$

위 식은 어떤 함수와 그 함수의 역함수를 합성한 결과는 항상 처음 입력값이 된다는 의미이다. 이는 역함수의 미분을 다룰 때 반드시 활용하는 중요한 개념이다.

지수함수를 $y=x$ 대칭시키면 로그함수가 된다.

앞서 다룬 지수함수와 로그함수의 관계를 역함수의 관점으로 다시 한 번 정리할 수 있다.

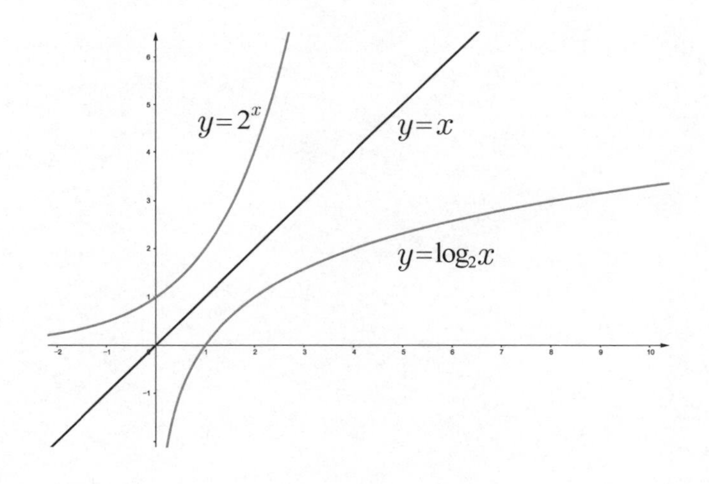

위 그림처럼 지수함수 $y=2^x$를 $y=x$에 대하여 대칭이동하면 정확하게 로그함수 $y = \log_2 x$를 얻을 수 있다. 왜 이런 결과가 나올까? $y=2^x$에서 로그의 정의를 생각하면 $x = \log_2 y$이다. 여기서 x와 y를 바꾸면($y=x$ 대칭이동하면) $y = \log_2 x$가 된다. 이 상황을 역함수의 개념으로 다시 정리할 수 있다. 지수함수 $y=2^x$에서 입력값은 x이고 출력값은 y이다. 역함수는 출력값을 입력값으로 바꾸는 함수이므로 $x=2^y$이며 이를 일반적인 $y=f(x)$ 형태로 바꾸면 $x=2^y \Leftrightarrow y = \log_2 x$가 된다. $y=x$ 대칭이동 한다는 것이 바로 역함수를 만드는 과정인 것이다. 한마디로 지수함수와 로그함수는 $y=x$ 대칭이고 두 함수는 역함수 관계이다.

야생의 미분 문제

미분 관련 문제를 온실 속의 미분 문제와 야생의 미분 문제로 구분한다면 온실 속의 미분 문제는 우리가 알고 있는 몇 가지 미분 도구 즉, 도함수의 정의, 다항함수의 미분 원리, 지수함수와 로그함수의 미분 공식 등을 활용하여 해결할 수 있는 문제로 비유할 수 있다. 온실 속의 미분 문제와 달리 야생의 미분 문제는 조금 더 복잡한 형태의 함수가 주어진 경우를 말한다. 미분을 잘한다는 것은 간단한 함수뿐만 아니라 좀 더 복잡한 함수가 주어지더라도 당황하지 않고 문제를 해결할 수 있는 자신감을 가진 상태이다. 복잡한 형태의 미분, 즉 야생의 미분 문제를 공략하기 위해서는 다양한 미분 도구를 정확하게 사용할 수 있어야 한다.

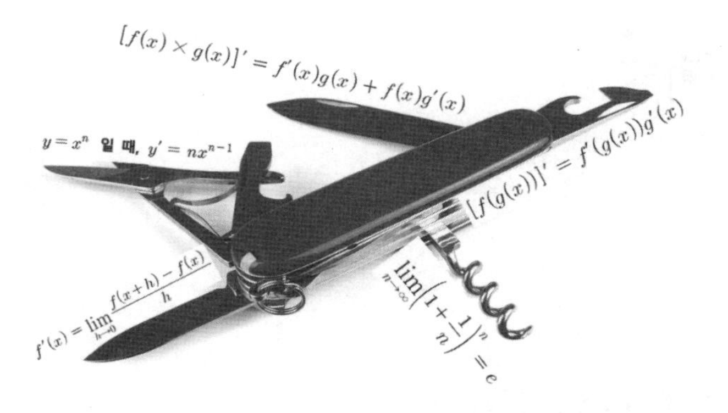

야생의 미분 문제를 해결하려면 다양한 미분 도구가 필요하다.

합성함수의 미분법

〈합성함수의 미분에 관하여〉

미분 이야기

합성함수 $f(g(x))$의 일반적인 미분법은

도함수의 정의에 합성함수 $f(g(x))$를 대입시키면 되므로

$\frac{d}{dx}f(g(x)) = \lim_{h\to 0}\frac{f(g(x+h))-f(g(x))}{h}$ 이다.

위 수식은 다음과 같이 수식 변형이 가능하다.

$$\lim_{h\to 0}\left[\frac{f(g(x+h))-f(g(x))}{g(x+h)-g(x)}\times\frac{g(x+h)-g(x)}{h}\right]$$

이는 한마디로 $f'(g(x)) \times g'(x)$와 같다.

합성함수 $f(g(x))$를 미분하면 $f'(g(x)) \times g'(x)$이 된다.

〈해설〉

$\lim_{h \to 0} \frac{f(g(x+h)) - f(g(x))}{h}$ 에서 분모와 분자에 $g(x+h)$- $g(x)$를 곱하여도 전체 식에 아무런 영향을 주지 않는다. 이는 우리에게 익숙한 구조인 $\frac{f(x+h) - f(x)}{(x+h) - (x)}$ 형태를 만들어내기 위한 아이디어다.

이렇게 수식을 변형한 결과는

$\lim_{h \to 0} \left[\frac{f(g(x+h)) - f(g(x))}{g(x+h) - g(x)} \times \frac{g(x+h) - g(x)}{h} \right]$ 이다.

여기서 $\frac{f(g(x+h)) - f(g(x))}{g(x+h) - g(x)}$은 h값이 0으로 다가갈 때, 결국 $f'(g(x))$ 형태와 같다. $\frac{g(x+h) - g(x)}{h}$ 은 h값이 0으로 다가갈 때 $g'(x)$이다. 그러므로 아래와 같은 합성함수의 미분공식으로 최종 정리할 수 있다.

합성함수의 미분법

$$[f(g(x))]' = f'(g(x))g'(x)$$

위 합성함수의 미분공식을 이용해서 아래 미분문제를 드디어

해결할 수 있다.

$y=(3x^2+1)^{100}$을 어떻게 미분할 것인가?

다항함수의 미분방법 $y=x^n$일 때, $y'=nx^{n-1}$을 알고 있지만 위 다항함수를 모두 전개해서 미분하는 것은 무모하다. 합성함수의 미분법을 생각하면 다음과 같이 미분할 수 있다.

$u=(3x^2+1)$, $y=u^{100}$ 라고 생각하면,

$y'=100u^{99}\times(3x^2+1)'=100(3x^2+1)^{99}\times(6x)=600x\,(3x^2+1)^{99}$

역함수의 미분법

미분 가능한 함수 $f(x)$의 역함수 $g(x)$가 존재할 때, 우리의 목표는 $g(x)$의 도함수 즉 $g'(x)$을 구하는 것이다. 여기서 핵심은 역함수 관계에 있는 두 함수에 대하여 $(f\circ g)(x)=x$가 성립한다는 것이다(앞서 역함수의 개념을 설명할 때 언급한 부분이다). 즉, $f(g(x))=x$이다. 역함수 관계를 표현하고 있는 이 합성함수식을 x에 대하여 미분하는 것은 방금 다룬 합성함수의 미분법을 그대로 적용할 수 있다.

$f(g(x))=x$의 양변을 x에 대해서 미분하면

$$\frac{d}{dx}f(g(x)) = \frac{d}{dx}x \quad \Leftrightarrow f'(g(x))g'(x) = 1\text{이므로}$$

$$g'(x) = \frac{1}{f'(g(x))} \ (\text{단}, f'(g(x)) \neq 0)$$

역함수의 미분법

$$g'(x) = \frac{1}{f'(g(x))} \ (\text{단}, f'(g(x)) \neq 0)$$

어떤 함수 f의 미분은 쉽지만 그 역함수 g의 미분이 쉽지 않을 때 역함수의 미분법은 충분히 가치 있다. 역함수의 미분 과정을 잘 살펴보면 역함수의 정의에 합성함수의 미분법을 그대로 적용한 결과이다. 함수 f와 g가 역함수 관계일 때 즉 $g = f^{-1}$ 일 때, $f \circ g = x$, $g \circ f = x$ 이므로 이 식에서 합성함수의 미분법을 적용하면 수식이 정리된다.

역함수의 미분법을 특별히 생각하여 또 다른 공식처럼 암기하는 데 집중하기보다는 역함수의 정의와 역함수의 특성을 잘 생각하면 역함수의 미분을 자연스럽게 유도할 수 있을 것이다.

미분 미술관 작품 5

합성함수의 미분법을 정확하게 이해하고 있다는 것은 미분할 수 있는 함수의 범위가 비약적으로 넓어지게 되었다는 것을 의미한다. 미분 미술관에서 차분하게 감상하면서 그 의미를 다시 한 번 정리해 보자.

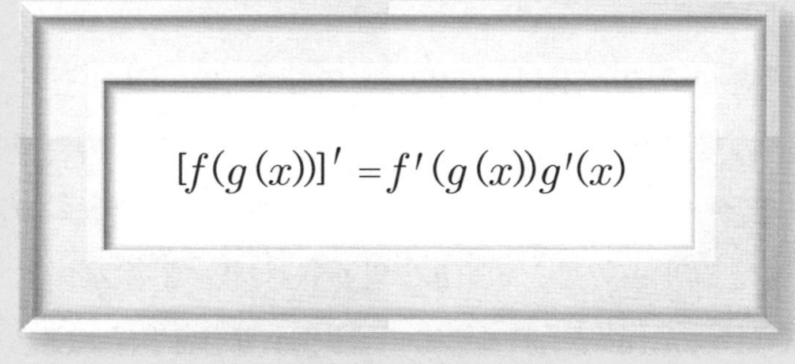

$$[f(g(x))]' = f'(g(x))g'(x)$$

합성함수의 미분법

〈작품해설〉

작품을 천천히 살펴보자. 합성함수의 개념이 없다면 위의 식을 해석할 수 없을 정도로 어렵게 느껴질 수 있다. $f(g(x))$는 변수 x를 입력하면 $g(x)$를 먼저 실행하고 그 결과를 함수 f에 대입하는 방법의 합성함수이다. 이렇게 만들어진 합성함수를 미분 $[f(g(x))]'$하는 방법을 설명하고 있다. 그 결과는 오른쪽 식이며 해석하면 함수 f의 미분을 하여 $g(x)$를 대입한 값과 $g'(x)$

를 곱한 값이다.

합성함수의 미분은 각각의 함수 f와 g의 미분을 정확하게 할 수 있고 합성함수의 개념을 이해하고 있다면 어렵지 않게 사용할 수 있다. 합성함수의 미분법 역시 도함수의 정의를 충분히 활용하여 유도된 공식이다. 또한 역함수의 미분을 계산할 때에도 합성함수의 미분법을 활용한다.

합성함수의 미분법을 알고 있다는 것은 이미 알고 있는 함수를 수없이 많은 조합으로 합성해서 복잡하게 만들어도 어렵지 않게 미분할 수 있다는 것을 의미한다. 합성합수의 미분법을 정확하게 사용할 수 있을 때 미분 실력은 확실히 한 단계 더 올라갈 것이다.

작품을 충분히 감상했다면 역함수의 미분법이 떠오를 수도 있다. 역함수의 미분 원리는 두 함수가 역함수 관계일 때 합성함수의 미분 공식을 적용한 것일 뿐, 별도의 미분 공식으로 취급할 필요는 없다.

이계도함수의 기하학적 의미

도함수는 어떤 함수의 접선 기울기를 찾는 것이다. 이계도함수는 도함수의 도함수를 생각하는 것이다. 그러므로 이계도함수는 접선의 기울기가 어떻게 변화하는가를 설명하는 것이다.

곡선 위에 화살 미분개미를 올려두어 이계도함수의 부호에 대해서 생각해 보자.

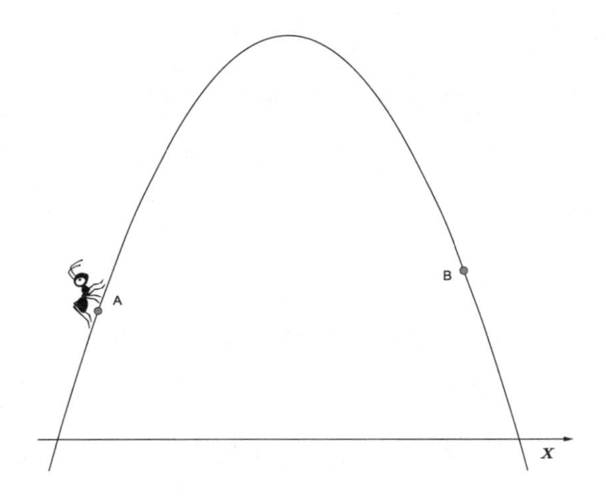

위 그래프는 위로 볼록한 모양의 곡선이다. 점 A에서 B까지 화살 미분개미가 움직이게 해보자. 화살 미분개미가 남긴 흔적, 즉 접선의 기울기를 표시하는 화살표는 해당 점에서 미분계수를 나타내는 것이다. 지금부터 화살 미분개미가 남긴 화살표를 이계도함수의 관점에서 살펴보기로 한다.

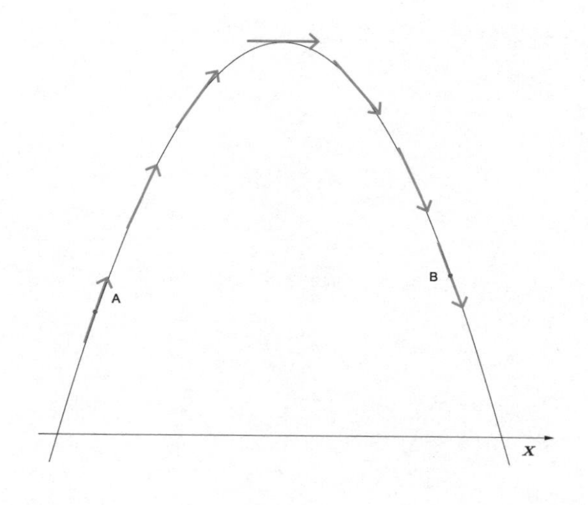

도함수와 달리 이계도함수는 접선의 기울기 변화를 의미한다. A에서 B까지 x값이 커질 때, 화살 미분개미가 남긴 화살표를 잘 살펴보자.

점 A에서 시작하여 점 B까지 접선의 기울기가 계속해서 감소하고 있다는 것을 알 수 있다. 단 한순간도 접선의 기울기가 증가한 경우는 없다. 시작부터 끝까지 접선의 기울기가 감소하는 변화를 보여주고 있다. 이는 A에서 B까지 구간에서 이계도함수의 부호가 음수라는 것을 말하고 있다. 한마디로 A에서 B구간의 이계도함수 부호는 $f''(x)<0$이라고 표현할 수 있다.

이 결론을 다른 방식으로 표현하면 $f''(x)<0$인 구간에서 곡선은 위로 볼록하다고 말할 수 있다. 이처럼 이계도함수의 부호를 이용하여 곡선의 모양을 스캔할 수도 있다.

아래로 볼록한 곡선의 경우도 생각해 보자.

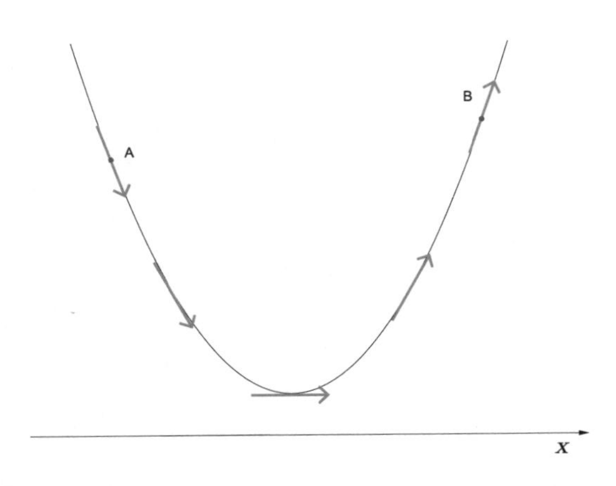

점 A에서 B까지 구간에서 x가 커질 때, 접선의 기울기가 증가하면서 변하고 있다. 단 한순간도 접선의 기울기가 감소하고 있는 구간은 없다. A에서 B구간의 이계도함수 $f''(x) > 0$이라고 표현할 수 있다. 그러므로 $f''(x) > 0$인 구간에서 곡선은 아래로 볼록하다고 말할 수 있다.

이계도함수와 변곡점

다음과 같은 어떤 삼차함수를 이계도함수의 관점에서 생각해 보자.

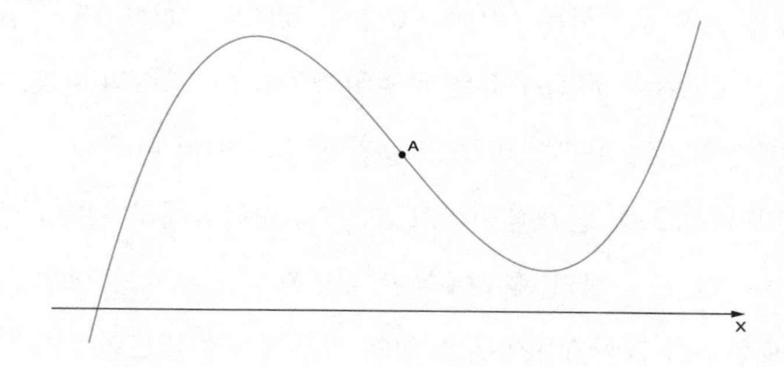

위 그래프는 위로 볼록한 모양이 먼저 나오고, 점 A 이후로 아래로 볼록한 모양을 가지게 된다. 화살 미분개미를 올려두어 접선을 살펴보면 다음과 같다.

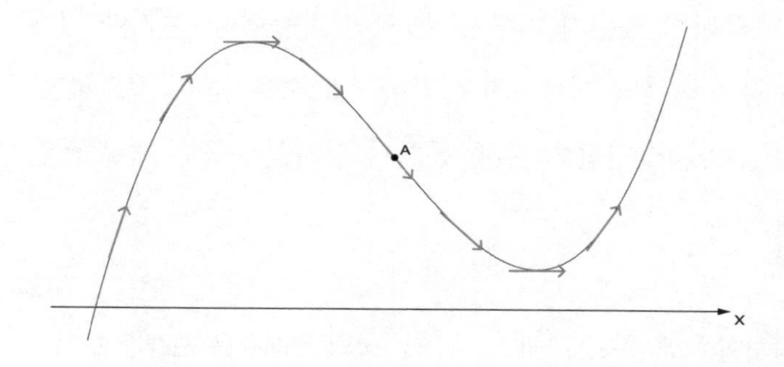

접선의 변화 즉, 이계도함수를 생각해 보자. 이계도함수는 x 값이 커질 때, 처음에는 감소하다가(위로 볼록한 부분) 점 A(a, f(a))를 지난 이후 다시 증가하는 경향을 보인다(아래로 볼록).

점 A 이전에서 위 함수의 이계도함수 부호는 $f''(x)<0$일 것

이고, 점 A 이후에서는 $f''(x)>0$이 될 것이다. 그렇다면 점 A에서 이계도함수 $f''(a)$ 값은 무엇일까? 이계도함수의 부호가 음수에서 양수로 바뀌는 바로 그 순간 $f''(a)=0$이 된다.

이러한 점 A를 '**변곡점**'이라고 부른다. 변곡점에서 이계도함수는 0이며, 변곡점의 좌우에서 이계도함수의 부호가 바뀐다. 이계도함수의 값이 0이지만 그 점의 좌우에서 이계도함수의 부호가 바뀌지 않을 경우에는 변곡점이라고 부르지 않는다.

삼차함수 제대로 스캔하기

지금까지 어떤 함수를 스캔할 때 도함수를 구하고 그 도함수의 부호를 통해서 원래 함수의 증가 혹은 감소를 확인할 수 있었다. 극점이 있는지 여부 또한 확인 가능했다. 여기에 이계도함수와 변곡점의 개념까지 생각하면 함수를 좀 더 정교하게 스캔할 수 있다. 다음의 예를 통해서 삼차함수를 제대로 스캔해 보자.

삼차함수 $f(x)=2x^3-12x^2+18x-4$의 그래프를 스캔해 보자.

극점을 찾기 위해서 함수를 미분하면,

$f'(x)=6x^2-24x+18=6(x^2-4x+3)=6(x-1)(x-3)$

$f'(x)=0$을 만족시키는 x값이 1과 3이므로 $x=1$, 3에서 극값

을 가짐을 알 수 있다.

미분한 함수 즉, $f'(x)=6x^2-24x+18=6(x-1)(x-3)$의 그래프는 이차함수의 그래프이며 다음과 같이 표현할 수 있다.

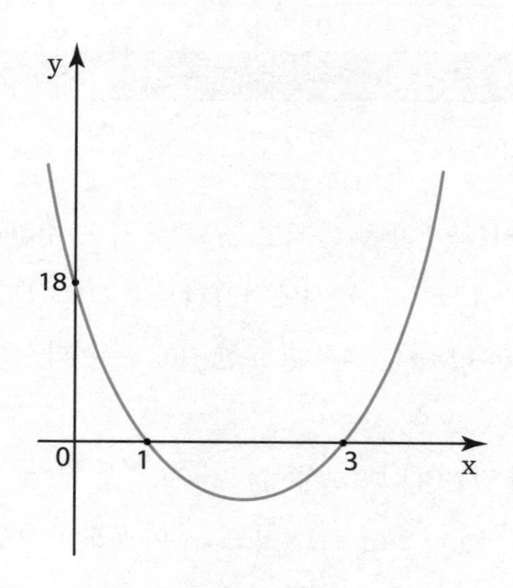

도함수의 부호를 조사하면 함수 $f(x)$의 개형에 필요한 정보를 얻을 수 있다.

$f'(x)=6x^2-24x+18$의 부호를 조사해 보자.

$x<1$ 구간	미분계수의 부호는 모두 양수이다.
$x=1,\ x=3$	미분계수는 0이다.
$1<x<3$ 구간	미분계수의 부호는 모두 음수이다.
$x>3$ 구간	미분계수의 부호는 모두 양수이다.

이 정보를 나타내는 미분코드를 만들 수 있다. 다음 표는 지금까지 조사한 정보를 모두 담고 있다.

x	…	1	…	3	…
f'	+	0	−	0	+
f	↗	극대	↘	극소	↗

$x=1$에서 극댓값을 가지고 $x=3$에서 극솟값을 가진다. $f(x)=2x^3-12x^2+18x-4$에서 $f(1)=2-12+18-4=4$이고 $f(3)=54-108+54-4=-4$이다. 또한 $f(0)=-4$이다.

변곡점이 있는지 살펴보자.

$f'(x)=6x^2-24x+18$이므로 이계도함수를 구하면, $f''(x)=12x-24$이므로 이계도함수가 0이 되는 x 값은 $12x-24=0 \Leftrightarrow x=2$이다.

$x=2$ 전후에서 이계도함수 $f''(x)=12x-24$의 부호가 음수에서 양수로 바뀌므로 $x=2$에서 $f(x)$는 변곡점을 가진다.

이 모든 정보를 취합하여 $f(x)=2x^3-12x^2+18x-4$의 그래프를 스캔할 수 있다.

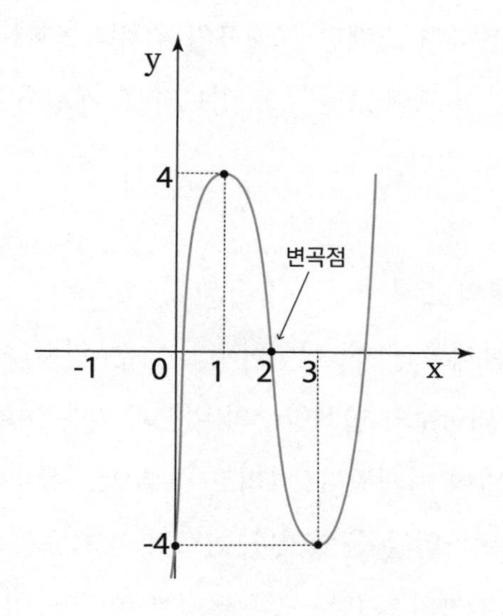

위 함수를 컴퓨터를 이용해서 정확하게 그리면 다음과 같다.

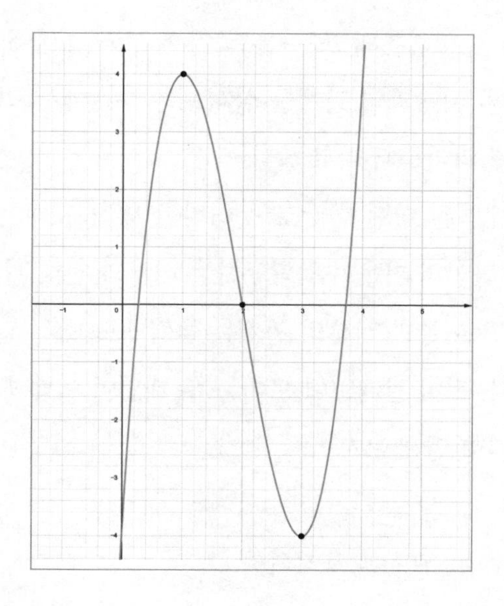

미분을 이용하여 스캔한 그래프와 컴퓨터를 이용해서 그린 실제 그래프를 비교해 보면 주요 정보와 그 개형이 일치하고 있음을 확인할 수 있다.

미분과 적분의 관계

미분의 기본개념, 극한, 다항함수의 미분, 지수와 로그함수의 미분 그리고 역함수와 합성함수의 미분과 같은 여러 가지 미분법까지 거침없이 달려왔다. 그리고 미분으로 함수를 스캔하는 원리까지 모두 파악할 수 있었다. 이로써 이 책에서 의도한 대부분의 미분 이야기의 목표는 모두 달성한 셈이다. 미분의 기본개념은 이제 우리 머릿속에 장착되어 있다.

지금부터는 미적분의 또 다른 축인 적분의 개념에 대해서 살펴보자. 물론 미분과의 관계를 살펴보는 수준에서 적분을 다루어보는 것에 의미를 두려고 한다.

적분의 개념은 어떤 함수로 둘러싸인 면적을 계산하는 것과 관련 있다. 접선의 기울기를 탐구하는 미분과 전혀 관련 없어 보인다. 하지만 미분과 적분의 관계는 놀랍게도 매우 밀접하게 연결되어 있다. 전혀 관계없어 보이는 두 개념이 어떻게 서로 연관되어 있는지 확인해 보자.

어떤 함수 $y=f(x)$를 생각하자.

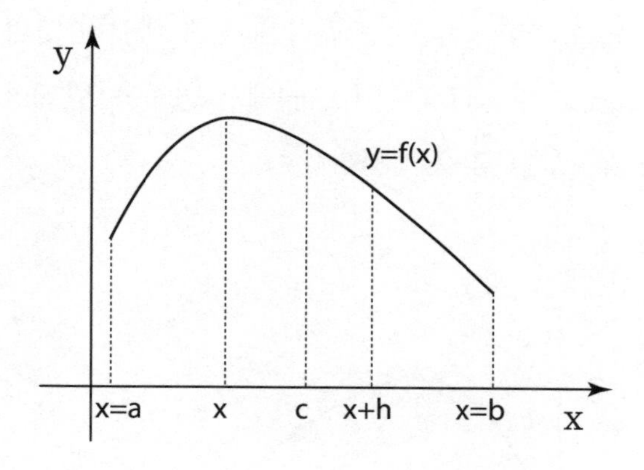

위 함수는 x의 범위가 a부터 b까지일 때 정의되고 있으며 중간에 끊어진 부분이 없는 연속인 함수이다. 이때 x축의 a부터 b까지 모든 실수구간을 $[a, b]$로 표현한다. 즉, $a \leq x \leq b$를 $[a, b]$라고 이해하면 된다. [ ] 기호를 폐구간이라고 부른다. 지금부터 우리의 목표는 폐구간 $[a, b]$에서 주어진 함수에 둘러싸인 다음의 면적을 계산하는 것이다. 이것은 바로 적분과 관련 있다.

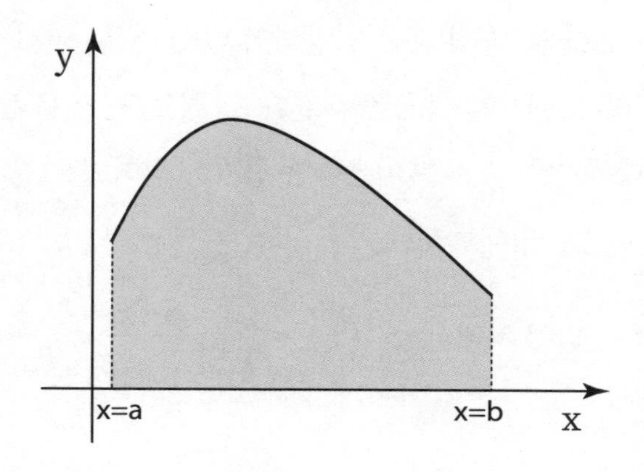

최종적으로 구하고자 하는 면적은 전체 색칠된 영역으로 표시했다. 그리고 다음과 같이 $[a, x]$에서 면적을 $S(x)$라고 정의하는 것으로 문제해결을 시작한다.

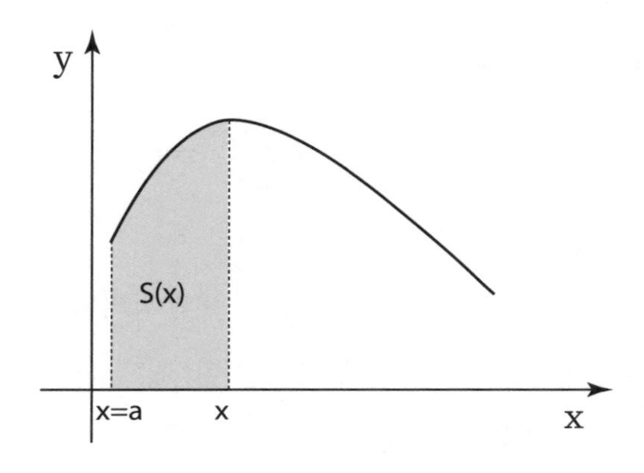

$S(x)$의 정의에 따라서 $S(b)$는 구간 $[a, b]$의 면적이며, 최종적으로 계산해야 하는 값이다. 또한 $S(a)$는 구간 $[a, a]$의 면적이므로 $S(a)=0$이다.

그런데 $S(x)$를 직접 계산할 방법이 없다. $S(b)$ 역시 전혀 계산할 수 없다. 어떻게 문제를 해결할 수 있을까? 아무런 단서가 없이 막막하지만 $S(x)$를 미분하면 신기한 일이 벌어진다. 일단 $S(x)$를 미분부터 해보자.

미분의 정의에 의해서, $S'(x) = \lim_{h \to 0} \frac{S(x+h) - S(x)}{h}$

위 식의 분자를 잘 살펴보면 다음 그림에서 색칠된 부분의 면적임을 알 수 있다.

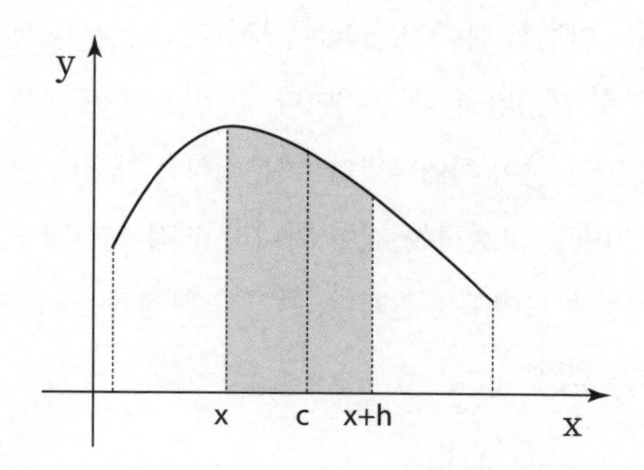

색칠된 부분의 면적은 $h \times f(c)$로 생각할 수 있다. 여기서 $f(c)$는 구간 $[x, x+h]$에서 함숫값의 평균값으로 생각한다. 이를 미분식에 대입해 보면,

$$S'(x) = \lim_{h \to 0} \frac{hf(c)}{h}$$

여기서 h값이 0으로 접근할 때, c는 x로 수렴하므로 $f(c)$는 당연히 $f(x)$로 수렴하게 된다. 즉, 다음과 같은 결과를 얻게 된다.

$$S'(x) = \lim_{h \to 0} \frac{hf(c)}{h} = \lim_{h \to 0} f(c) = f(x)$$

이 결과는 마법과 같다. $S(x)$값은 모르지만 미분을 해보니 알고 있는 함수 $f(x)$가 된다는 것이다. 뭔가 모르는 것을 미분해 보니 알고 있는 것이 튀어나왔다. 미분이라는 개념이 단순히 접선의 기울기만을 표현하는 것이 아니라 면적 계산과도 관련되어 있다는 것을 보여주는 결과다. 여기서 '**부정적분**'이라는 개념이 등장하게 된다.

부정적분이란?

$S'(x) = f(x)$

위 식을 다시 한번 살펴보자. 우리가 원하는 것은 면적 $S(x)$를 찾아내는 것이다. 그리고 $S(x)$를 미분했을 때 $f(x)$가 되어야만 한다. 우리는 이 과정을 '부정적분'이라고 부른다. 미분과 부정적분의 관계를 정확하게 이해하는 것이 매우 중요하다. 다음의 예를 통해서 미분과 부정적분의 관계를 살펴보자.

미분의 개념: x^2을 미분하면 $2x$
부정적분의 개념: $2x$를 부정적분하면 x^2+C

여기서 C는 적분상수인데, 상수를 미분하면 항상 0이 되므로 부정적분을 할 때 무조건 따라붙는다.

미분의 개념 : $f(x)=x^2$ 일 때 $f'(x)=2x$

부정적분의 개념 : $\int 2x\,dx = x^2 + C$

부정적분을 설명하면서 새로운 기호가 등장했다.

$\int$는 [인테그랄integral]이라고 읽으면 되고 부정적분을 나타내는 수학기호이다.

$$\int f(x)\,dx = F(x) + C$$

위 수식의 좌변을 읽어보면 [인테그랄 에프엑스 디엑스]이다. 위 식의 의미를 상세히 살펴보기로 하자.

$\int$: 적분기호이며 [인테그랄]이라고 읽고, 부정적분을 하겠다는 의미이다.

$f(x)$: 인테그랄기호 속의 함수이며 적분 대상이다.

dx : 인테그랄 기호와 함께 사용될 경우 x에 대해서 적분을

한다는 의미이다.

$F(x)$: $f(x)$를 부정적분 한 결과이다. 결국 $F'(x)=f(x)$가 된다.

C : 적분상수이며 상수는 미분하면 0이므로 부정적분에 항상 따라다닌다.

부정적분과 정적분의 관계에 대해서 알아보자.

부정적분의 개념을 알고 있으므로 $S'(x)=f(x)$라는 식을 드디어 처리할 수 있다. 즉, $f(x)$를 부정적분하면 $S(x)$를 찾을 수 있다. $S'(x)=f(x)$ 식에서 양변을 부정적분하면,

$$\int S'(x)dx=\int f(x)dx=F(x)+C$$

$f(x)$를 부정적분한 결과를 $F(x)+C$라고 두었다. $S(x)$ 역시 위 식의 부정적분의 결과이므로 $S(x)=F(x)+C$라고 생각할 수 있다. 여기서 적분상수 C값을 계산할 수 있는데 $S(a)=0$이라는 초기조건을 이용하면 된다.

$$S(a)=F(a)+C=0 \text{ 이므로, } C=-F(a)$$

그러므로 $S(x)=F(x)-F(a)$이다. 우리가 궁극적으로 구하고자 하는 값은 $S(b)$이므로 $S(b)=F(b)-F(a)$이다. 이 과정을 '정적분'이라고 부른다. 정적분의 개념은 부정적분의 개념에서 적분상수 C를 찾아내기 위한 조건을 대입한 연산이다.

이 정적분을 다음과 같이 표현한다.

$$S(b)=\int_a^b f(x)dx=[F(x)]_a^b=F(b)-F(a)$$

위 정적분 수식을 자세히 번역해 보자.

$$\int_a^b f(x)dx$$

〈번역〉

수식을 소리 내어 읽어보면 [인테그랄 a에서 b까지, 에프엑스 디엑스]이다. 폐구간 $[a, b]$에서 $f(x)$를 정적분한다는 의미이며, 이때 a를 '아래끝', b를 '위끝'이라고 부른다.

$$[F(x)]_a^b=F(b)-F(a)$$

〈번역〉

$f(x)$를 부정적분한 함수가 $F(x)$이며, $[F(x)]_a^b$ 표기는 $F(b)$

$-F(a)$를 뜻한다.

지금까지 살펴본 부정적분과 정적분의 핵심을 요약하면 다음과 같다.

- 정적분을 이용하면 어떤 함수로 둘러싸인 면적을 계산할 수 있다.
- 정적분은 함수가 아니라 어떤 계산 결과이며 실수값을 가진다.
- 정적분을 하려면 부정적분을 할 수 있어야 한다.
- 부정적분은 함수이다.
- 부정적분은 미분을 거꾸로 생각하면 된다.

결국 어떤 함수로 둘러싸인 곡선의 면적을 계산하는 것이 따지고 보면 미분과도 연결된다는 것을 알 수 있다. 미분과정을 거꾸로 하는 것이 부정적분이기 때문이다. 부정적분을 할 수 있어야 정적분을 할 수 있고 정적분을 이용하면 복잡한 곡선의 면적을 계산할 수 있기 때문이다. 미분의 개념을 강조하고 있는 이 책에서는 이렇게 말한다.

"미분을 모르면 적분을 제대로 할 수 없다."

미분 미술관 작품 6

미분 미술관에 전시된 마지막 작품은 '정적분의 정의'이다. 적분은 미분만큼 많은 이야기를 가지고 있다. 적분이라는 거대한 이야기의 출발점에 있는 정적분의 정의를 소개하는 것으로 이 책을 마무리하고자 한다.

$$\int_a^b f(x)dx = F(b) - F(a)$$

정적분의 정의

〈작품해설〉

적분은 미분과 동떨어진 개념이 아니라 밀접한 관계가 있다. 어떤 함수의 $[a, b]$ 구간에서 정적분을 한다는 것은 무엇을 말하는 것일까? 단순히 면적을 계산한다는 것은 정확한 설명이 아니다. 정적분은 정확하게 어떤 의미일까?

정적분 $\int_a^b f(x)dx$를 엄밀하게 설명하면 구간 $[a, b]$에서 모든 함숫값의 총합을 의미한다. 그리고 그 결과는 앞서 살펴본 바와 같이 f를 부정적분한 F 함수에 a, b 값을 대입하여 계산된 $F(b)$ - $F(a)$이다.

정적분 결과는 적분구간에서 함숫값의 총합이다.

정적분의 정확한 의미를 간단한 그래프를 통해서 살펴보기로 하자. y=2x 그래프에서 (0, 0), (5, 0), (5, 10)으로 만들어지는 삼각형을 생각해 보자. 이때 삼각형의 넓이는 5×10÷2=25로 쉽

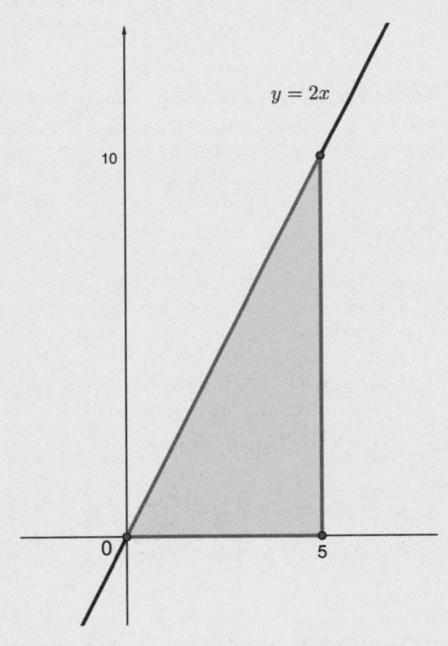

y=2x 그래프 위의 세 점이 만나는 삼각형의 넓이를 정적분을 이용하여 계산할 수 있다.

게 계산할 수 있다. 이를 조금 전에 배운 적분의 개념을 이용하여 계산해 보자.

면적계산을 위해 정적분의 기본식을 우선 적어두고 시작해 보자.

$$\int_a^b f(x)dx$$

여기서 $f(x)=2x$가 될 것이고 적분구간 $a=0$, $b=5$이므로 정리하면 다음과 같다.

$$\int_0^5 (2x)dx$$

이제 위 식을 계산해 보자. $2x$를 부정적분해야 하는데 우리는 x^2을 x에 대해서 미분하면 $2x$가 된다는 것을 알고 있다. 그러므로 $2x$를 부정적분하면 x^2+C가 된다. 결국 위 식은 다음과 같이 계산할 수 있다.

$$\int_0^5 (2x)dx = [x^2]_0^5 = 25 - 0 = 25$$

단순계산 결과와 정적분을 활용한 계산 결과가 완벽하게 일치한다. 동일한 상황에서 두 가지 실험을 추가로 해보자. 먼저 다음과 같이 (0, 0), (-5, 0), (-5, -10)으로 만들어지는 삼각형을 생각해 보자. 물론 삼각형의 면적은 25로 동일하다.

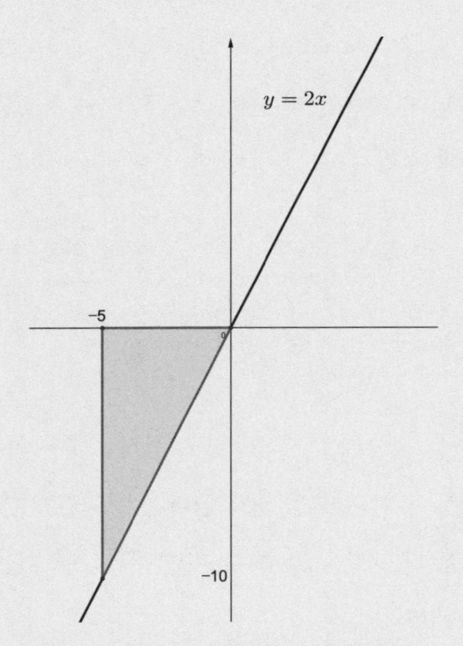

적분구간 -5에서 0 사이의 정적분 결과는 음수이다.

적분연습을 위하여 정적분을 활용하여 이를 계산해 보자. 정적분의 정의에 의하면,

$\int_a^b f(x)dx$이고, 여기서 $f(x)=2x$, $a=-5$, $b=0$을

대입하면,

$$\int_{-5}^{0}(2x)dx = [x^2]_{-5}^{0} = 0-(25) = -25$$

계산 결과 -25라는 음수값이 나왔다. 이 결과가 정적분을 정확하게 이해하는 핵심이다. 적분구간 [-5, 0]에서 $y=2x$의 함숫값은 모두 음수임을 그래프를 보면 쉽게 알 수 있다.

그러므로 정적분을 계산하면 적분구간에서 모든 함숫값을 합한 결과가 계산된다는 것을 알 수 있다. [-5, 0]에서 면적은 정적분값 -25에서 음수를 뺀 25가 되어야 한다. 면적은 항상 양수이기 때문이다. 즉, 정적분을 계산한 결과가 곧바로 면적이라고 말할 수 있는 경우는 적분구간에서 함숫값이 모두 양수일 때이다.

앞서 적분구간이 [0, 5]에서는 모든 함숫값이 양수이므로 정적분 계산 값이 바로 면적이 될 수 있었다. 마지막으로 다음과 같은 상황을 생각해 보자.

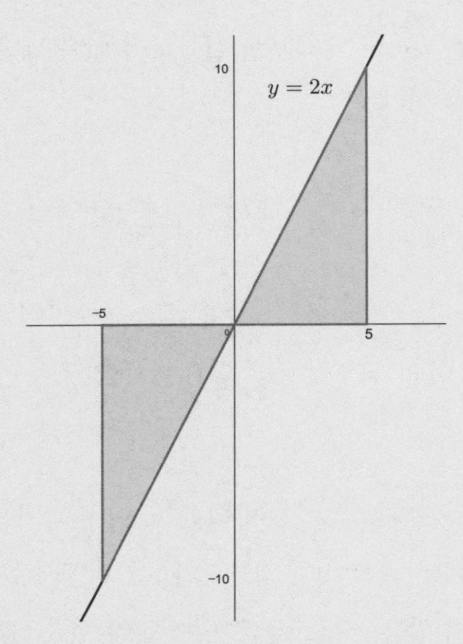

적분구간이 −5에서 5 사이일 경우 정적분 결과는 어떻게 될까?

동일한 함수에서 적분구간을 [-5, 5]로 할 경우의 정적분 결과는 0이 되어야 한다. 왜냐하면 정적분을 계산하면 적분구간에서 모든 함숫값을 합한 결과값이 나오는 것을 이해하고 있기 때문이다. [-5, 0] 사이의 정적분 값은 -25이며 [0, 25]에서 정적분값은 25이기 때문에 [-5, 5]에서 정적분을 하면 0이 됨을 다음과 같이 확인할 수 있다.

$$\int_{-5}^{5} (2x)dx \ = \ [x^2]_{-5}^{\ 5} = 25 - (25) = 0$$

에필로그

독자들이 이 책을 읽고 나서 미분의 개념을 수학적으로 설명할 수 있고 간단한 함수를 미분할 수 있는 지적 능력의 도약을 느낄 수 있다면 저자로서 더할 나위 없이 행복할 것 같다.

미분을 쉽게 소개하는 책을 쓰기로 마음먹었을 때 가장 고심되었던 부분은 '어느 수준의 수식까지 이 책에 담을 것인가'였다. 미분을 쉽게 설명하겠다고 했는데 수식이 많아지면 분명히 가독성이 떨어질 것이기 때문이다. 하지만 수식 없이 미분이 무엇인지 구체적으로 설명한다는 것은 미분의 주변부만 살피는 공허한 작업이라는 것 또한 명백한 사실이다.

이 두 가지가 충돌하는 지점에서 균형을 찾고자 노력하였다. 이야기의 시작부터 '미분개미'라는 가상의 도구를 사용한 것은 수식 없이 미분 개념을 친근하게 접근하고자 한 저자의 고민이 담긴 장치다. 본문의 내용 중 미분개미가 극한상황을 벗어나는 방법이라고 표현한 부분은 미분을 수학적인 표현으로, 미분개미의 도움 없이 설명할 수 있게 된 순간이라는 것을 의미한다.

이 부분에서 '미분만능키'가 등장한다. 정확한 수학용어는 '도함수의 정의'이다. 나는 '도함수'라는 수학용어를 개인적으로 무척 싫어한다. 공식적인 수학용어지만 너무나도 건조한 느낌을 주기 때문이다. 미분공부의 처음부터 끝까지 가장 중요한 단 하나의 개념은 바로 '도함수의 정의'일 것인데, 이를 조금이라도 더 강조하고자 이 책에서는 '미분만능키'라는 용어를 사용하였다. 뉴턴과 라이프니츠라는 당대 최고 천재들이 치열하게 고민하여 독자적인 방법으로 발견한 미분만능키를 일반적인 수학기호를 소개하듯이 평범하게 다룰 수는 없었기 때문이다.

미분만능키를 좀 더 특별하게 설명하기 위해서 〈미분 미술관〉이라는 가상의 공간에 특별전시하여 감상하는 시간을 가지기도 하였다. 수학공부를 하면서 만나는 수많은 수학공식과 철저히 구분하고 싶었다. 나는 독자들이 이 부분에서 '미분공부 중에 갑자기 웬 미술관?'이라고 느끼길 바란다. 이 책을 읽으면서 조금이라도 더 놀라고 좀 더 흥미를 유발할 수만 있다면 그 자체로 큰 수확이기 때문이다.

미분미술관에 전시한 여섯 가지 작품은 특정한 함수의 미분공식이 아니라 가장 기본적인 미분의 원리를 설명하는 개념이다. 나는 이 가상의 미술관에 독자들만의 미분개념을 전시해 두는 연습을 해볼 것을 제안한다. 이 책에서 다루지 않은 삼각함수의 미분공식처럼 구체적인 함수의 미분공식도 좋고 이 책에서 제시한 다양한 보조그림 중에서 마음에 들거나 혹은 더 좋은 미분 이미지가 있다면 선택해서 자주 감상해 보는 것도 좋다.

이 책은 다양하고 거대한 미분의 세계에서 그 일부만을 소개하는 입문서로서 만족한다. 가벼운 마음으로 이 책을 무리 없이 소화할 수 있었다면 정말 감사하게 생각한다. 구체적인 수식 전개과정, 개별 함수의 개념을 압축적으로 설명한 부분에서 혹여 불편한 마음이 들었던 독자들에게는 죄송한 마음이다. 미분의 모든 것을 다루기 위해서 책을 두껍게 만들 욕심은 처음부터 없었다는 변명으로 양해해 주기 바란다.

마지막으로 이 책의 출판까지 꼼꼼하게 도와주신 이교숙 편집장님과 김영선 대표님께 특별히 감사의 말씀을 전한다.